水稻技术100问

程式华 等◎编著

中国农业出版社
北 京

编写人员

主　编　程式华

副主编　曹立勇　胡慧英

参　编（按姓氏笔画排序）

占小登　林贤青　金连登　胡贤巧

宫凤影　夏小东　黄世文

前　言

FOREWORD

中国是世界上最大的稻米生产国和消费国，同时是稻作文明古国、稻种资源富国和水稻科技强国。水稻生产事关国家粮食安全，事关国计民生。习近平总书记指出："要确保中国人的饭碗任何时候都牢牢端在自己手上，中国人的饭碗应该主要装中国粮。"

中华人民共和国成立以来，随着科技进步，我国的水稻生产水平有了大幅度的提高，已从吃饱、吃好向吃得安全、吃得健康方向发展。为促进现代水稻产业发展，促进水稻先进技术的推广，满足农村实用人才和高素质农民的培训以及青少年水稻知识普及的需要，我们组织专家编写了《水稻技术100问》。

本书从水稻的分布、品种类型、生产技术、大米加工与保存到餐桌的全产业链，以提问的形式、简洁的回答、形象的配图，讲解了大众关心的100个问题。希望这100个问题的解答，能对水稻基本知识的普及、技术的推广，起到有益的指导与帮助作用。

本书的编写，得到了国家水稻产业技术体系建设项目资金的资助，谨表感谢。

国家水稻产业技术体系首席科学家　程式华

2021年7月

目 录
CONTENTS

PART 3 如何保证稻米加工、包装和储存质量安全

PART 4 如何保证大米的优质与食用安全

PART 1

水稻在粮食安全中有什么样的地位

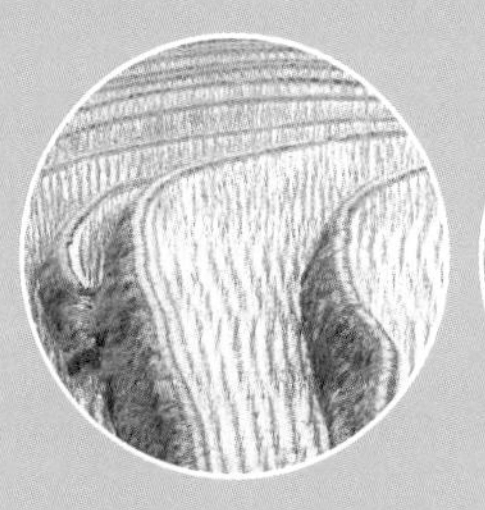

1 世界上有哪些国家种植水稻？

水稻是世界上最重要的三大粮食作物之一。全球水稻播种面积超过1.6亿公顷，总产量超过7.5亿吨。其分布非常广泛，世界各大洲，包括亚洲、欧洲、美洲、非洲和大洋洲都有水稻种植。世界水稻面积和总产量的90%以上集中在亚洲，非洲、美洲和欧洲水稻面积分别占3.5%、5.2%和0.6%，大洋洲面积较小，仅占0.1%，主要在澳大利亚。水稻种植面积较大的国家是印度和中国，分别占全球水稻面积的28.1%和18.5%。水稻总产量最多的国家是中国和印度，分别占全球水稻总产量的28.5%和21.7%。全球水稻单产较高的国家分别是埃及、澳大利亚、土耳其和美国。全球十大水稻生产国分别为中国、印度、印度尼西亚、孟加拉国、越南、缅甸、泰国、菲律宾、巴西和日本。在十大水稻生产国中单产较高的国家是日本和中国。

世界水稻分布

2 我国水稻产区主要在哪里？

我国水稻种植面积3 000万公顷以上，总产量超过2.1亿吨，平均单产7 000千克/公顷。我国水稻分布很广，从南到北，从东到西均有种植，除青海省基本没有水稻种植外，其他各省份均有水稻种植。从种植区域看，长江中下游是水稻的主产区，水稻种植面积占全国的50%以上，其次是华南、西南、东北，各占10%以上，西北和华北占比均不到1%。我国水稻单产以东北、长江中下游和西北地区较高，其次是西南和华北地区，华南地区单产较低，主要原因是该地区双季稻面积比例较高。

3 为什么说水稻是我国的主要粮食作物？

“民以食为天，食以稻为先。”我国水稻播种面积占粮食作物播种面积的1/4以上，水稻单产比粮食作物平均单产高25%以上，稻谷产量占粮食总产量的30%以上，近几年稻谷总产量在粮食作物中占比略有下降。水稻一直是我国种植面积最大、单产最高、总产量最多的粮食作物。全国65%以上的人口以稻米为主食，85%以上的稻米作为口粮消费。稻米是我国粮食的“硬通货”。粮食价格是“百价之基”，而稻米又是我国人民最主要的粮食品种，一旦稻米供给不足，人民的生活就会受到影响，稻米供求的细微变化就会导致粮食价格乃至整个物价波动。水稻丰歉直接关系到粮食丰歉，水稻安全直接关系到国家粮食安全。水稻是我国用占世界9%的耕地养活世界近20%人口的重要保障。

4 我国历史上水稻生产技术有哪两项重大突破？

我国水稻生产技术在历史上有两项重大突破，即在20世纪50年代末以来的改高秆品种为矮秆品种和70年代末以来杂交稻的选育成功，并在生产上推广应用。这两项突破性技术及其配套栽培技术的研发和推广，体现了我国水稻生产良种良法技术的配套。这两项技术的突破使我国水稻单产自1961年到1997年持续提高，1961年水稻单产2 040千克/公顷，到1997年提高到

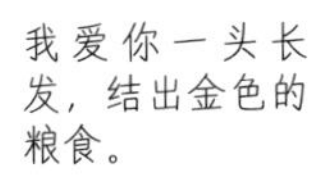

6 319千克/公顷，在36年中水稻单产提高了4 279千克/公顷，增长2.1倍。在这期间，水稻单产年平均提高114千克/公顷。随着我国超级稻培育成功和推广，水稻单产又有了进一步提高，目前达到7 000千克/公顷，提高了11.2%。

5 我国各地种植的水稻品种主要有哪几种？

我国水稻生产中品种类型多样，有杂交稻和常规稻品种，也有籼稻和粳稻品种。杂交稻有三系杂交稻和两系杂交稻。杂交稻种植面积占我国水稻面积的60%左右，其中90%左右为三系杂交稻，10%左右为两系杂交稻。杂交稻中，有籼型杂交稻、粳型杂交稻和籼粳型杂交稻，其中，籼型杂交稻占95%以上。常规稻中，有籼型常规稻和粳型常规稻。大多数杂交稻在南方种植，北方以常规稻为主。籼稻主要在南方种植，粳稻主要在北方种植。

6 我国有哪些水稻种植季节？

我国水稻种植分单季稻和双季稻（连作稻）。双季稻中第一季种植的水稻叫早稻，第二季种植的水稻叫晚稻。单季稻，也叫中稻，是指每年在同一块稻田里种植一季水稻。北方地区受温度影响一年只能种植一季水稻，即单季稻。南方地区，温度较高，热量资源丰富，可以种植一季，也可以种植两季。根据地区不同，单季稻品种可以是常规稻和杂交稻，粳稻和籼稻。双季稻中，早稻品种感温性强，感光性弱，晚稻品种感温性弱，感光性强。长江中下游地区的双季稻，早稻为籼稻，晚稻有籼稻和粳稻。华南地区早稻和晚稻均为籼稻。

长江下游地区作为晚稻种植的粳稻品种如果作为早稻种

植，尽管是早春播种，但只有到秋天具备了短日照条件时，才能进行幼穗分化和开花成熟，生育期明显延长。因此，晚稻用的粳稻品种只能作为单季晚稻或双季晚稻种植，而不能作为早稻种植。早稻品种则由于感光性弱，既可以在夏季长日照条件下抽穗，也可以在秋季短日照条件下抽穗，因此既可以作为早稻种植，也可作为晚稻种植。翻秋种植时，生育前期处于高温环境，生长发育进程加快，生育期缩短，成熟期提早，产量降低。

7 什么是灌溉稻、雨灌稻、旱稻和深水稻？

根据水稻种植和生长环境的不同，将水稻划分为4种生态类型，即灌溉稻、雨灌稻、旱稻和深水稻。世界上灌溉稻种植面积占50%以上，其余为雨灌稻、旱稻和深水稻。我国95%以上的水稻为灌溉稻，其他为雨灌稻和旱稻。

滴灌水稻田

灌溉稻生长在有田堤的水田中，有灌溉条件，可以保证一年一季或多季水稻的灌溉。世界各国灌溉水稻单产平均为3～9吨/公顷。

雨灌稻生长在有田堤的田中，但没有排灌设施，缺乏对灌排水的控制，在水稻生长季节容易遇到干旱和洪涝影响，因此两者都是雨灌稻潜在的问题。

旱稻严格地说是种植在没有田堤的地里，大多数高地水稻都生长在连绵起伏的山地中，有的实行轮作和休耕，产量比较低，平均每公顷1吨左右。有些旱稻种植地有辅助灌溉条件，可获得较高的产量。由国际水稻研究所提出和研发的通气水稻就是从旱稻发展而来。

深水稻种植在易涝和易淹水的低地。这种水稻品种能随水深度增加，茎快速伸长，使顶部叶片露出水面，植株高度可达2～5米。根据深水稻生长环境的不同，其可分为深水水稻、漂浮水稻和潮汐水稻。深水水稻品种可适应深水环境，当洪水来临时，大多数品种还可以每天伸长2～3厘米。漂浮水稻品种在淹没情况下的伸长速度非常快。

8 什么是稻作区划？

我国水稻种植区域非常辽阔，各地自然生态条件复杂多样，社会经济条件各不相同，水稻生产水平差异较大。稻作区划主要是依据自然生态因素、社会经济因素、稻作生产特点，以县境为基本单元，做出的全国性稻作区划图。我国水稻种植区域可划分为6个稻作区，每个稻作区又分为若干亚区。因此，稻作区划可以有效地利用自然资源和经济资源，发挥区域优势，调整水稻生产布局和结构，分类指导水稻生产以及引种、选育新品种、推广优良品种，并为改变种植制度、改进栽培技术等提供科学的决策依据。

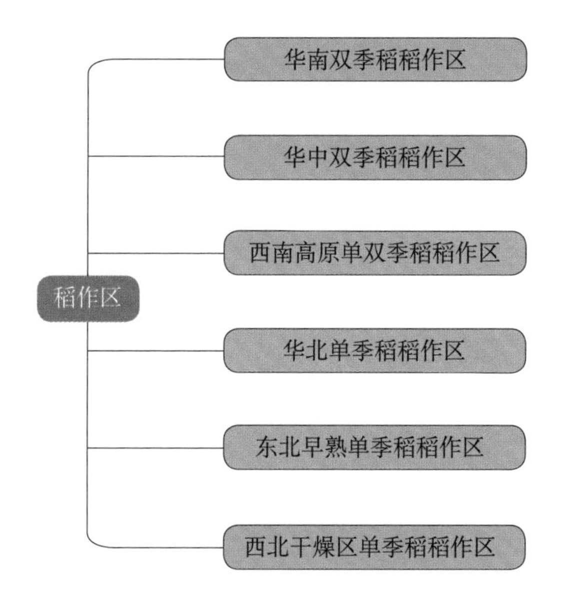

9 如何发展稻田多熟制？

发展稻田多熟制，有利于充分利用光、热、水、土等自然资源，实现多种、多收、高产、高效，提高稻田产出效益和资源利用率。稻田多熟制需要解决前后季作物的接茬问题。一是要根据不同稻区稻田生产特点，确定熟制，选择合适的作物品种，搞好熟期配置与茬口安排，做到以水稻为主季，季季兼顾；二是进行育苗移栽，通过苗床期在前作未收获前利用温、光条件，培育后作秧苗，解决季节矛盾；三是采用间、套、混作种植技术，争取时间和空间，缓和多熟制的季节矛盾；四是通过地膜覆盖、温室和薄膜育秧等措施增加有效积温。

10 稻田轮作有哪些类型？

稻田轮作是相对于连作而言，在同一块稻田上，轮换种植不同作物和采用不同复种方式，可避免因连作导致的一系列土壤问题。依据是否安排一定轮作顺序和轮作年限，稻田轮作可分为等位和不等位轮作。主要有三种类型：一是早晚双季稻连作，冬作物年间轮换种植；二是夏秋季双季早稻或晚稻与旱作作物年间轮换种植；三是单季水稻与旱作作物（含食用菌等）年间轮换种植。

PART 2

如何开展高产优质安全水稻生产

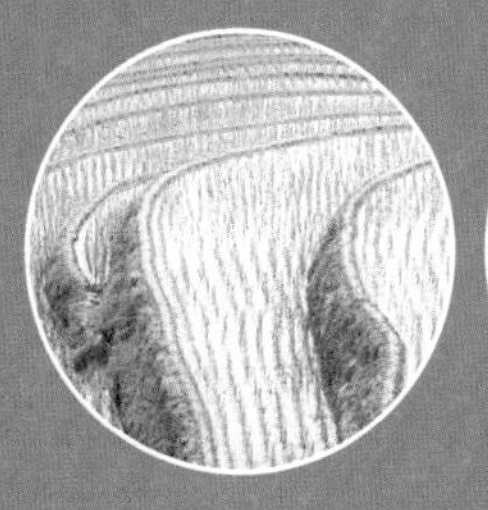

11 什么是水稻新品种？

水稻新品种常指在一定的生态和经济条件下，根据人类需要，经过人工选育的具备新颖性、特异性、一致性和稳定性的水稻群体，在相应地区和栽培条件下可以种植，在产量、抗性和米质等方面都能符合水稻生产的需求，并已通过省或国家农作物品种审定委员会审定。

12 如何区分籼稻品种和粳稻品种？

籼稻和粳稻是亚洲栽培稻的两个亚种，两者在形态特征、生理功能以及栽培特点等方面均有较大的区别。

从形态特征和经济性状上看，一般籼稻的分蘖力较强，第一穗节较短，叶色较淡，叶片上茸毛较多，谷粒细长，稃毛短、硬、直，抽穗时壳色绿白，容易脱粒，籼米的直链淀粉含量一般较高，煮饭胀性大，黏性小；粳稻一般分蘖力不如籼稻，第一穗节较长，叶色较深，叶片上无茸毛，谷粒短圆（少量的粳稻品种中也有长粒形），稃毛长、乱、软，抽穗时壳色较绿，不容易脱粒，粳米的直链淀粉含量较低，煮饭胀性小，黏性大。

从生理特征和适应性上看，籼稻一般吸肥性强，耐寒性较差，日平均温度在12℃以上时才能发芽，但籼稻的适应性较好；粳稻则耐肥性强而吸肥性差，耐寒性较强，日平均温度达10℃即可发芽，但粳稻的适应性较差。在温度适宜的情况下，籼稻叶片的光合速率高于粳稻，繁茂性好，易早生快发。

从地理分布上看，籼稻适于低纬度、低海拔的湿热地区种植，如我国南方；粳稻则适于高纬度、高海拔地区种植，如我国东北稻区、华北稻区和西北稻区，以及云贵高原高海拔稻区和长江中下游单季稻和双季稻混种区。

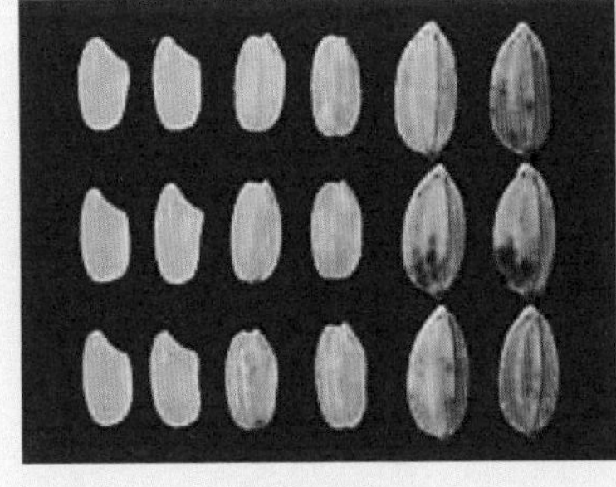

粳　稻　　　　　　　　籼　稻

13 水稻优良品种应具备哪些条件？

水稻优良品种除具备水稻新品种的基本条件外，还应具有以下几方面条件：

（1）产量高。高产是优良品种最基本的条件。

（2）抗逆性强。包括生物抗性（如抗稻瘟病、白叶枯病、螟虫、褐飞虱等）和非生物抗性（包括耐旱、寒、涝和高温等）。

（3）品质好。一要加工出米率高；二要外观好看；三要好吃。在评价米质优劣的诸多指标中，整精米率、垩白粒率、垩白度、直链淀粉含量、胶稠度和食味最为重要。

（4）适应性广。指在不同的土壤、气候和栽培条件下，以及同一地区不同年份栽培时，大面积种植都能生长良好并获得高产。

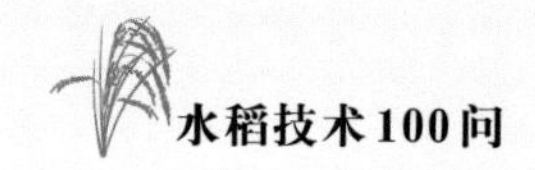

14 水稻优良种子应包括哪些内容？

优良种子首先要求其在遗传特性上具备优良品种的条件，其次要求种子本身质量要好。种子质量广义上指的是种子的品种品质和播种品质。前者包括种子的真实性和品种纯度；后者包括种子是否清洁干净，有无其他作物种子，是否充实饱满，是否出苗正常、整齐，是否感染病虫害，是否干燥耐储等。狭义上的种子质量主要包括种子的净度、发芽率、水分和纯度4项指标。

15 如何选择适宜的水稻良种？

要想获得水稻高产，实现增收，选用优良品种是关键之一。由于各地的气候条件、地理条件和地势情况、土壤肥力和质地、雨水等条件的不同，形成了生态条件的多样性，所以要选择适合本地区生态环境条件，耐肥、抗病、抗倒伏、高产稳产、品质优良，并能够安全成熟的品种。特殊地区应注意选择适应能力强的水稻品种，如抗寒性、耐涝性、耐旱性、耐盐碱性等强的品种。生产上应用的品种，要经过试验、示范并经过省级或国家农作物品种审定委员会审定或认定，在稳产的基础上求高产，实现安全生产、增产增收的目的。

16 新品种在生产上推广应用之前，为什么要进行品种审定？

不同品种在植物学特征和生物学特性上都有很大差异，对种植地区和栽培条件都有不同要求。品种审定就是对新育成和新引进的品种，由专门的品种审定委员会，根据品种区域试验和生产试验的结果，从生育期、产量、品质和抗逆性等方面综合审查，评定其推广应用价值和适应范围，这样可避免盲目引种和推广给农业生产带来损失。实行品种审定制度，有利于加强农作物的品种管理；有计划因地制宜地推广良种，促进生产用种良种化，良种布局区域化。农作物品种审定实行国家和省（自治区、直辖市）两级审定制度。农业农村部设立国家农作物品种审定委员会，负责审定跨省推广的农作物新品种，以及需由国家审定的品种。各省、自治区、直辖市建立的省级农作物品种审定委员会负责本行政区内的农作物品种审定工作。

17 什么是杂交稻，与常规稻有什么区别？

杂交稻是指两个遗传组成不同的亲本杂交产生的具有杂种优势的子一代组合。与基因型为纯合的常规水稻不同，杂交稻的基因型是杂合的，其细胞质来源于母本，细胞核的遗传物质一半来自母本，一半来自父本。由于杂种F_1代个体间的基因相同，因此，群体性状整齐一致，可作为生产用种。而从F_2代起，由于基因分离，会出现株高、抽穗期、分蘖力、穗型、粒型和米质等性状分离，导致优势减退，产量下降，不能继续作为种子使用。所以，杂交稻需要每年进行生产性制种，以获得足够的杂交一代种子，满足生产需要。而常规稻是通过若干代自交达到基因纯合的品种，个体遗传型相同，从外观上看，群体整齐一致，上下代的长相也一样，产量也不会下降。因此，常规稻不需年年换种，但也要注意品种的提纯复壮。

18 三系杂交稻和两系杂交稻有什么区别？

三系杂交稻与两系杂交稻的杂种优势表现及机制一样，都是利用两个遗传组成不同的亲本杂交产生杂交一代种子，在生产上利用杂种优势。

三系杂交稻种子的生产需要雄性不育系、雄性不育保持系和雄性不育恢复系的相互配套。不育系的不育性受细胞质和细胞核的共同控制，需与保持系杂交，才能获得不育系种子；不育系与恢复系杂交，获得杂交稻种子，供大田生产应用；保持系和恢复系的自交种子仍可做保持系和恢复系。三系不育系必须与保持系按一定行比相间种植，依靠保持系传粉异交结实生产不育系种子。

两系杂交水稻的生产只需不育系和恢复系。其不育系的育性受细胞核内隐性不育基因与种植环境的光长和温度共同调控，并随光、温条件变化产生从不育到可育的育性转换，其育性与细胞质无关。利用光温敏不育系随光、温条件变化产生育性转换的特性，在适宜的光、温时期，可自交繁殖种子。

19 什么是超级稻？

超级稻品种（含组合）是指采用理想株型塑造与杂种优势利用相结合的技术路线等育成的产量潜力大，配套超高产栽培技术后比现有水稻品种在产量上有大幅度提高，并兼顾品质与抗性的水稻新品种。其在产量、品质和抗性等方面都有具体的指标要求。农业农村部对达到各项指标的品种通过认定，确认为“超级稻”品种。

超级稻具体指标要求

	长江流域早熟早稻	长江流域中迟熟早稻	长江流域中熟晚稻；华南感光型晚稻	华南早晚兼用稻；长江流域迟熟晚稻；东北早熟粳稻	长江流域一季稻；黄淮海及西北粳稻；东北中熟粳稻	长江流域迟熟一季稻；黄淮海及西北迟熟粳稻；东北迟熟粳稻
生育期（天）	≤105	≤115	≤125	≤132	≤160	≤170
百亩示范方产量（千克/亩）	≥550	≥600	≥660	≥720	≥780	≥850
品质	北方粳稻达到部颁2级米以上（含）标准，南方晚稻及一季稻达到部颁3级米以上（含）标准，南方早籼稻达到部颁4级米以上（含）标准					
品种审定	通过省级（含）以上品种审定不超过5年，同级别审定以初次审定时间为准，不同级别审定以高级别审定时间为准					
抗性	抗当地1～2种主要病虫害，其中，南方稻区品种稻瘟病综合抗性指数不高于6级、穗颈瘟损失率不高于6级；北方稻区品种稻瘟病综合抗性指数不高于5级、穗颈瘟损失率不高于5级					
生产应用面积	品种审定后2年内生产应用面积达到年5万亩[①]以上					

① 亩为非法定计量单位，1亩＝1/15公顷。——编者注

超级杂交水稻国稻6号的株叶型

20 如何进行水稻引种？

引种时必须了解原产地的生态条件、品种本身的特征特性、引入地的生态条件、两地生态环境的差异以及这些差异会导致品种发生什么改变等问题。原产地与引入地主要生态条件的差异，表现为纬度和海拔的差异，并由此导致日照长度、光照强度和温度的差异，土质和雨量的差异以及品种栽培技术的改变等。因此，引种时要掌握以下几个原则：

（1）同纬度、同海拔地区间的引种。由于光温条件相近，生育期和性状变化不大，引种较易成功。原产于日本南部的农垦58和原产于韩国的密阳46，引至我国长江流域各省份，均获得成功。浙江省的二九青、浙733等品种引至江西和湖南等省作为早稻种植，获得了较好的生产效果。

（2）北种南引。即低纬度地区从高纬度地区引种，遇短日照和高温环境，会出现抽穗提早、生育期缩短的现象，因此，应选择生育期较长的中迟熟品种。作为早稻栽培，应早播；作为晚稻栽培，宜迟播。

（3）南种北引。即高纬度地区从低纬度地区引种，遇日照变长、温度变低的环境，表现抽穗推迟、生育期延长。因此，从低纬度地区引入早稻早、中熟品种和中稻早熟品种，或感光性弱、对纬度适应范围较宽的品种，引种较易成功。但晚稻品种北引，因其感光性强，遇长日照条件不能抽穗，或抽穗过迟，后期遇低温，不能正常灌浆结实。因此，华南地区的感光晚籼品种不能引至长江流域种植；长江流域的晚稻品种不能引至华北种植；热带地区品种不能引入东北地区种植。

（4）纬度相近、不同海拔地区间的引种。海拔越高，温度越低，一般海拔每升高100米，日平均温度降低0.6℃。由低海拔地区引至高海拔地区的水稻品种，生育期延长，故宜引入低海拔地区的早熟品种。由高海拔地区引至低海拔地区的水稻品种，生育期缩短，宜引入高海拔地区的迟熟品种。另外，还要注意籼粳稻区域的分布，如云南、贵州、四川稻区海拔1 800米以上，一般仅宜种植一季粳稻，中等海拔地区一般为籼粳稻混种区，低海拔地区多为籼稻种植区。

21 什么是不合格水稻种子和假冒水稻种子？

被检种子的净度、发芽率、水分、纯度有一项指标低于国家水稻种子质量标准的，被视为不合格种子。

有以下两种情形之一的种子为假冒种子：

（1）以非种子冒充种子或以此种子冒充另外种子。

（2）种子种类、品种、产地与标签标注的内容不符。

22 被检验出有质量问题的水稻种子可以补救吗？

在水稻种子的净度、发芽率、水分、纯度等4项指标中，如发生净度、水分不合格问题，可以采取补救措施。净度低可以采取种子精选加工解决；水分高的可以采取翻晒种子解决。但对纯度低、发芽率低的种子无法采取补救措施。

23 什么是原原种和原种？

原原种是指育种家育成的遗传性状稳定的品种或亲本的最初一批种子，其纯度为100%。原原种是繁殖良种的基础种子。原种是指用原原种繁殖1～3代或按原种生产技术规程生产的、达到原种质量标准的种子，其纯度在99.9%以上。

24 水稻品种混杂退化的原因有哪些？

水稻品种混杂退化的主要原因有以下几个方面：

（1）机械混杂。在生产过程中，从种子处理、播种、收割到脱粒、晒种、运输等各环节，都会因注意不够致使其他水稻品种种子混入，导致混杂。

（2）自然杂交。水稻虽为自花授粉作物，但仍有一定的自然杂交率，一旦发生自然杂交，其后代就会产生分离、变异，失去原有品种的典型性状和优点而造成退化。

（3）品种遗传特性发生分离和自然突变。一个良种基本上是一个纯系，但不是绝对的，个体间遗传性上会有些差异，尤其杂交种后代分离。使用杂交（尤其是籼粳杂交）方法育成的品种，后代性状更易分离和变异。

（4）栽培条件不良。优良品种的特征特性是在一定的栽培和自然条件下形成的，种植时，各优良性状的表现都要求一定的环境条件，若这些条件长期得不到满足，就会产生变异，导致品种退化。

（5）不正确的选择。选留品种时，只注意品种的典型性，而忽视品种生活力的强弱，片面追求穗大、粒多、粒重，对其他性状诸如分蘖力、株高、耐肥力和抗病虫性等考虑得少，会很快出现变异退化现象。

品种一旦混杂退化后，其产量、品质、抗性和适应性等方面都可能变劣，就会给生产上带来损失。

25 什么是秧龄和叶龄？

秧龄是指从播种至移栽期间秧苗生长的天数。秧龄的长短，不仅影响秧苗素质，还影响本田生育、穗部性状，以至最终影响产量。掌握适宜秧龄移栽，是实现稳产高产的重要措施。水稻叶龄是指主茎的出叶数，主茎上长出第3片叶时，叶龄为3.0；长出第5片叶时，叶龄为5.0；当第6片叶伸出的长度达到第5片叶长度一半时，叶龄为5.5。水稻不同品种总叶片数有所差异。水稻叶龄与秧龄关系密切，在温度等秧苗生长环境一致的情况下，一般秧龄延长，叶龄也增加。叶龄指数指主茎出叶数占其总叶数的百分比，由于水稻的出叶与分蘖发生、根系生长、节间伸长和充实，以及穗分化发育进程之间存在着有规则的同伸或同步关系，因此叶龄指数是诊断水稻生育进程的一个重要指标。

26 稻种如何催芽？

水稻种子催芽的基本环节是“高温破胸、保湿催芽、低温晾芽”。浸种催芽前晒种1～2天，以提高种子的发芽势。采用清水或盐水选种，选择健康饱满水稻种子。用杀菌剂浸种，当种子吸收种子干重30%的水分时即可催芽。

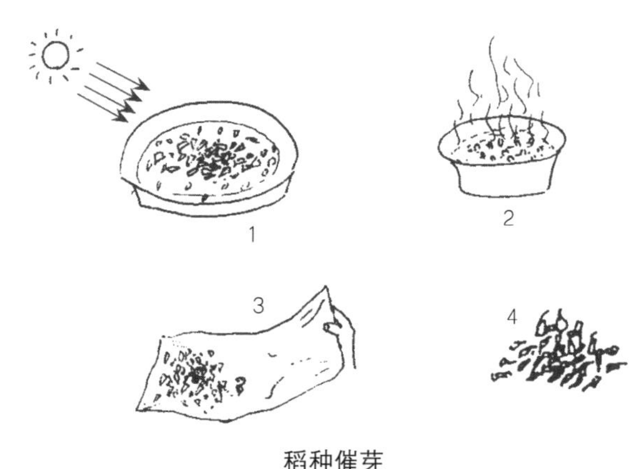

稻种催芽
1.晒种子　2.浸种　3.湿布催芽　4.种子发芽

①高温破胸：水稻种胚突破谷壳露出时，称为破胸，破胸露白是催芽的第一阶段。一般将吸足水分的种子放入50℃左右的温水中（手试不烫手）浸泡5～10分钟，起水后立即用湿麻袋包好种子，密闭保温，温度应保持在35℃，稻谷在自身温度上升后要保持谷堆上下内外温度一致，必要时进行翻拌，使稻种间受热均匀，促进破胸整齐迅速。一般24小时左右就可破胸。

②保湿催芽：水稻种子白芽露出后呼吸作用增强，产生大量热能，容易烧芽，此期间谷堆温度不能超过30℃，以免烧芽。保湿催芽阶段谷堆温度控制在25～28℃，湿度保持在80%左

右，维持12小时左右即可催出标准芽。当芽长半粒谷，根长一粒谷时就达到催芽要求，可以播种了。机插盘育秧的秧苗催芽标准为露白或芽长2毫米。

③低温晾芽：催芽是在较高的温度下进行的，这一温度一般高于当时的气温。催出标准芽后进行摊晾，可使种芽得到锻炼，增强芽谷播种后对外界环境的适应能力，增强种芽的抗性和提高生命力。一般在芽谷催好后，置室内摊晾，于自然温度下炼芽一天，达到内湿外干时播种。

27 如何确定秧田播种量、本田用种量和秧田面积？

秧田播种量首先根据品种所要求的适宜秧龄长短来确定，掌握秧苗到移栽时，不因为互相郁闭、光照不足而使秧苗生长受到严重抑制为标准。其次，根据不同地区、季节和品种等确定合适的播种量。为培育壮秧，一般单季杂交稻每公顷播种量105～150千克，常规稻225～300千克。小苗移栽由于秧苗个体间的干扰较小，播种量可适当增大；大苗移栽播种量则适当减少。连作晚稻由于高温季节育秧，秧苗生长快，群体发展使个体受到抑制的时期提早，播种量应减少。本田用种量以单位面积移栽的基本苗数为标准。例如：如果单季杂交稻每公顷插22.5万丛，每丛插1株，则每公顷本田需要基本苗为22.5万，如果该种子的千粒重为25克，则每千克谷种为4万粒，按照一般种子的发芽率为90%，成秧率为70%，则每公顷本田用种量为22.5/（$4 \times 0.9 \times 0.7$）≈9（千克）；如果秧田播种量为105千克/公顷，则秧田面积约为850米^2。机插盘育秧大田用种量杂交早稻37.5千克/公顷左右，连作晚稻或单季杂交稻30～37.5千克/公顷，常规稻75～90千克/公顷。应做到合理分批播种，以便适龄机插。

28 保温育秧要注意哪些问题？

保温育秧是在秧田上覆盖塑料薄膜保温的育秧方法。塑料薄膜具有能透过太阳短波辐射，而阻止地面长波辐射散失的特性。覆盖薄膜可充分利用太阳能，同时阻止膜内外空气对流，增温效果显著。膜内温度一般比外界气温高4 ~ 6℃，晴天最高可提高12 ~ 20℃，最低也能提高1 ~ 3℃。薄膜保温育秧有利于提早播种，防止烂种和培育壮秧，当气温稳定在6 ~ 7℃时即可播种。在我国南方，薄膜保温育秧水稻可提早播种10 ~ 15天，北方可提早20 ~ 30天。由于薄膜内温度高时易引起秧苗徒长和烧苗，连续低温时又易萎缩不长，甚至青枯死苗，因此加强管理是薄膜保温育秧成败的关键。播种到1叶1心为密封期，将薄膜封闭严密，创造高温、高湿条件，促使生根出苗。1叶1心至2叶1心为炼苗期，晴天膜内温度达25 ~ 30℃时揭膜通风，遇低温仍要密封，炼苗期要日揭夜盖，逐渐进行。经过炼苗5天以上，秧苗高达7 ~ 10厘米，气温稳定在13℃，基本没有7℃以下低温时，可把膜全部揭掉。揭膜前上水，防止失水死苗，并施肥促苗生长。

水稻保温育秧

29 如何防止秧苗徒长？

防止秧苗徒长培育壮秧是水稻高产的重要措施之一。一般在施肥多、播量大、湿度大、气温高的条件下容易产生植株过高、叶片披长、叶色深绿的徒长苗。为防止秧苗徒长，要注意稻种和育苗土消毒，预防苗期恶苗病引起的秧苗徒长。进行稀播匀播，降低播种量，防止单位面积内秧苗过密引起徒长。出苗后，加强秧田肥水管理，推迟秧苗上水时间，2叶1心期前秧板保持湿润即可，2叶1心期后采用浅水灌溉。早稻2叶期后晴天高温时还要做好通风炼苗工作，防止高温引致烧苗和徒长，同时要严格控制断奶肥的用量。连作晚稻和单季稻根据品种特性，可用15%多效唑可湿性粉剂或5%烯效唑可湿性粉剂1 000倍液在秧苗1叶1心期合理喷施，抑制秧苗伸长，矮化促蘖培育壮苗。

30 什么是适龄壮秧，如何培育壮秧？

培育壮秧对水稻增产有重要意义，适龄壮秧主要根据品种特性和叶蘖同伸标准判断，是指发根力强、栽后能迅速萌发新根、抗逆性强、返青成活快、死苗现象少的适宜秧龄的秧苗。适龄壮秧的形态特征：叶片宽大挺健，不软弱披垂；叶鞘较短，秧苗基部粗扁；叶色青绿，不浓不淡，无虫伤病斑，黄叶枯叶少，绿叶数多；根系发达，根粗、短、白，无黑根；秧苗整齐一致，群体间生长旺盛，个体间少差异。机插盘育壮秧一般秧龄15 ~ 20天，苗高15厘米，秧苗健壮整齐，白根多，单株绿叶数2 ~ 3片。

培育壮秧关键环节包括苗床选择、种子精选、药剂浸种、稀播匀播、肥水管理、病虫害防治等。选择较肥的地块作为秧田，施用足量充分腐熟的有机肥，提高苗床腐殖质的含量。用相对密度1.05的盐水清选饱满种子，做好药剂浸种防治秧苗病害。培育壮秧的关键是稀播匀播，单季稻秧田播种量应在150千克/公顷以下，播种后2～3天内，保持表层土壤湿润，使芽谷能及时出苗，出苗后清沟排水，保持干爽环境。到秧苗长到2叶1心时上水。在1叶1心期，喷施多效唑促进秧苗矮壮。2叶1心期施适量氮肥促分蘖，移栽前施好起身肥。秧苗生长期间注意病虫发生和防治，移栽前带药下田。

31 秧田肥水怎样管理？

良好的营养条件是培育壮秧的物质基础。秧田施肥应根据肥力情况进行，肥力较低的秧田多施，肥力较高的少施。基肥在做好条秧板时施下，一般施复合肥（15-15-15）300千克/公顷，如果早稻育秧采用尼龙薄膜覆盖应少施，约150千克/公顷；分蘖肥在2叶1心期，结合灌水上秧板时施，每公顷施60千克左右的尿素；4叶期时根据秧苗生长状况施肥，生长弱、叶色差、分蘖较少时每公顷施45～75千克尿素，生长较旺可不施；在拔秧前3～4天每公顷施120千克左右的尿素做起身肥，促进发根。施肥时期根据气温高低和秧苗生长状况确定，早稻这时温度较低，可适当早施，晚稻和单季稻则迟些施用。

水分管理，在播种后2～3天内，保持表层土壤湿润，使芽谷能及时出苗；出苗后清沟排水，保持干旱环境；到秧苗长至2叶1心时上水；2叶1心以后，灌水上秧板，并保持秧板2～3厘米的浅水层，要防止秧板断水，造成拔秧困难，断秧、伤秧。

机插盘育秧的肥水管理，出苗前保持床土或盘土湿润、不发白，出苗后晴天中午秧苗出现卷叶，表示缺水，应及时补水，可灌平沟水，也可早晚洒水。在移栽前3天要控水炼苗，如果遇雨则要盖膜挡雨，防止床土过湿影响机插。苗肥管理则根据秧苗生长状况及时适量追施肥料和送嫁肥，可用尿素兑水浇施。

32 水稻有几种育秧方法？

水稻育秧可分盘育秧和大田育秧。盘育秧需要准备育秧床土，一般选择过筛的菜园土或其他熟化细土，不可用喷过除草剂的土，每公顷大田准备床土1 800千克左右，按壮秧剂要求拌匀作为床土培育机插壮秧。大田育秧又分为水育秧、湿润育秧和旱育秧几种方法。水育秧是整个育秧期间，秧田以淹水管理为主的育秧方法。水育秧主要在20世纪50年代以前采用，在过去没有保温覆盖物和化学除草剂的条件下，利用水层对保温防寒和防除秧田杂草有一定作用，且易拔秧，伤苗少，盐碱地秧田淹水，有防盐护苗的作用，但长期淹水，土壤氧气不足，秧苗易徒长及影响秧根下扎，秧苗素质差，目前已很少采用。湿润育秧是介于水育秧和旱育秧之间的一种育秧方法，其特点是在播种后至秧苗扎根立苗前，秧田保持土壤湿润通气，以利根系发育，在扎根立苗后，浅水勤灌与排水晾田相结合。20世纪50年代以后湿润育秧逐步代替了传统的水育秧，成为水稻育秧的基本方法。旱育秧是整个育秧过程中只保持土壤湿润的育秧方法，旱育秧通常在旱地进行，秧田旱耕旱整，通气性好，秧苗根系发达，插后不易败苗，成活返青快。

33 水稻种植方式有几种？

水稻种植方式一般分为直播、插秧以及抛秧。水稻直播分为水直播和旱直播两种方式，旱直播包括旱撒播和旱条播，旱条播又包括常规条播和免耕条播。旱直播与水直播都可以采用机械化直播。插秧分为手工插秧和机械插秧。水稻机械插秧主要包括毯状秧苗机插、钵苗摆栽和钵型毯状秧苗机插。抛秧也可以采用手工及机械两种方式，主要包括水稻免（少）耕抛秧、小苗抛秧、纸筒抛秧、塑料钵盘育秧抛秧和无盘旱育抛秧。

34 水稻直播有什么特点，直播要注意什么？

水稻直播技术省去了育秧、移栽环节，稻作过程更加简化，生产上易被农户接受，在生育期许可和倒伏较轻的地区，产量较高，主要分布在长江中下游稻区，以单季籼稻直播为主，其次是连作早稻。但我国直播稻以传统的手工撒播为主，普遍存在成苗差、草害严重、易倒伏、后期早衰等问题，导致直播稻产量不稳定，限制了直播技术推广应用。

水稻直播，要选择矮秆、耐肥、抗倒、发根力强的大穗型高产优质品种。要求分厢定量均匀播种，防止鼠雀危害。一般优质常规稻用种45 ~ 67.5千克/公顷。播后至出苗前秧板以湿润为主；秧苗2叶期要灌水上秧板，并结合施肥除草，保持水层4 ~ 5天，严防漏水或漫灌，以免影响肥效和药效；当总苗数达到预定穗数苗的80%时，及时排水搁田，并做到多次轻搁，引根深扎；后期干湿交替，切忌断水过早，防止早衰。直播稻群体大，本田生育期长，总施肥量要比移栽稻稍多。生产中也有机械直播。

35 抛秧栽培有什么特点，抛秧要注意什么？

与传统手工插秧相比，水稻抛秧具有节省秧田和用工、提高作业效率和减轻劳动强度、易保证足够的密度、增产增效的优点。但抛秧对整田的要求较高，其均匀度直接关系到产量的高低，由于其无序分布也限制了产量的稳定和提高。

进行抛秧栽培，要采用专用塑料钵盘育秧或无盘旱育秧，选用分蘖力较强、抗倒抗逆性好、穗型较大、稳产高产、米质优、秧龄弹性较大的中熟品种。早籼稻大多数品种可进行抛秧栽培，连作晚稻宜选用生育期相对较短的早熟或中熟品种。抛秧密度晚稻可比早稻密些，瘦田比肥田密些，品种分蘖力弱的要密些。要抛足抛匀，早稻每公顷要抛足落田苗150万～180万，连作晚稻每公顷要抛足落田苗180万～210万，可以先抛2/3的秧苗，再用剩余的1/3秧苗补抛，对过密过稀的地方适当删密补稀，使秧苗分布均匀，生长平衡。抛栽田要及时开好田字沟，现耕现整现耙现抛，灌好沟水，做到沟浆泥水田抛栽，以利于立苗，栽后第二天上薄水扶苗。连作晚稻要防止无水晒苗损伤，抛秧5天左右全田秧苗基本直立后灌水施肥除草。生产中也有机械抛秧。

36 水稻机插秧有什么特点，机插秧要注意什么？

随着农村经济的迅速发展和农业现代化水平的不断提高，农村劳动力转移，农民对机械插秧技术需求迫切。新型机插秧具有节工、节本、节省秧田的优点，配套以自动育秧流水线，非常适合工厂化、集约化、专业化、商品化育秧。插秧机又分为普通插秧机和高速插秧机，普通插秧机每天可栽插1公顷以上，高速插秧机每天可栽插3公顷左右，极大提高了插秧效率。而且机插秧还有利于规范化栽培，实现统一品种和育秧，可对大田基本苗、栽插深度及株距进行量化调节，有利于田间统一管理，获得水稻稳产高产。因此，我国水稻机插秧发展很快。

机插秧

水稻机插秧，首先要培育健壮秧苗。机插秧苗要求根系发达、苗高适宜、秧苗粗壮、叶色挺绿、秧苗均匀整齐。早稻苗高15厘米，叶龄3～4叶；单季稻苗高15～20厘米，叶龄3叶左右。机插前5～10天翻耕大田，机插前2～3天根据土壤质地施用基肥，一般每公顷施碳酸氢铵600～750千克和过磷酸钙375千克，拌匀后撒施，用复合肥225千克面施耙平，等待机插。早稻机插秧密度27万丛/公顷左右，插秧规格30厘米×（12～14）厘米（行距×株距），每丛4～5株，每公顷基本苗120万～135万。单季常规稻机插秧密度大田21万～24万丛/公顷，插秧规格30厘米×（14～16）厘米，每丛3～4株，每公顷基本苗82.5万～120万。单季杂交稻机插秧密度18万～21万丛/公顷，插秧规格30厘米×（16～20）厘米，每丛2～3株，每公顷基本苗37.5万～60万。采用无水层插秧，插后灌浅水扶苗返青。分蘖期浅湿灌溉促根，够苗后排水搁田塑造理想群体和株型，穗形成期浅湿灌溉，开花灌浆期浅湿交替灌溉。断水不宜过早，以保持根系活力，延长功能叶寿命，促进灌浆。

37 水稻的移栽密度一般以多少为宜？

合理密植是水稻获得优质高产的前提，过稀、过密均不利于水稻单株和群体结构的协调发展，从而影响稻谷的品质与产量。适宜的栽插密度应综合考虑地理条件、土壤肥力、品种类型、种植形式等因素。一般情况，肥力中等偏上、大穗型品种偏稀，肥力中等偏下、穗数型品种偏密；低海拔地区偏稀，高海拔地区偏密；旱育秧偏稀，湿润育秧偏密；杂交稻偏稀，常规稻偏密。以中等肥力水平为例，见下表。

中等肥力水平水稻适宜的移栽密度

季节	类型	分蘖力	秧龄（天）	密度(万丛/公顷)
连作早稻	籼稻	中等	30	27.0～30.0
		较强	30	24.0～27.0
单季稻	籼稻	中等	20～25	15.0～19.5
		较强	20～25	13.5～18.0
	粳稻	中等	20～25	18.0～21.0
		较强	20～25	16.5～19.5
连作晚稻	籼稻	中等	30	21.0～24.0
		较强	30	19.5～22.5
	粳稻	中等	30～35	21.0～24.0
		较强	30～35	19.5～22.5

38 什么是再生稻，如何种植？

再生稻是利用一定的栽培技术使头季稻收割后由稻桩上的休眠芽萌发生长成穗而收割的一季水稻。农民称其为“抱荪谷”“秧荪谷”“二抽稻”“二道谷子”“秧荪”等。

再生稻的适生地为≥10℃积温5 150 ~ 5 300℃的地区。种植再生稻，首先要选用适宜品种，避开低温对再生稻抽穗成熟的影响；适时早播，当日平均气温达到14 ~ 15℃时就可栽插，促进中稻早熟，为再生稻早发苗、早抽穗开花奠定基础。当休眠芽伸出中稻茎鞘1 ~ 2厘米时收割中稻。四川、重庆和贵州等地中稻收割距再生稻成熟只有60天左右，中稻留桩高度以33 ~ 40厘米较为合适。广东、广西和湖南等地，中稻收割距再生稻成熟有80 ~ 90天，中稻留桩高度以20厘米左右较好，主要是利用下位芽穗大、产量高的特点。发苗肥在中稻收割后应抢时间施用，每公顷施用尿素75千克，高肥力稻田或中稻收割时叶色浓绿、茎秆粗壮的稻田可不施。

39 什么是水稻生育期？

水稻从播种至成熟的天数称为全生育期，从移栽至成熟称为大田（本田）生育期。水稻生育期可以随其生长季节的温度、日照长短变化而变化。同一品种在同一地区，在适时播种和适时移栽的条件下，其生育期是比较稳定的，它是品种固有的遗传特性。水稻整个生育期可分为营养生长期和生殖生长期，从播种到开花为营养生长期，从开花到成熟为生殖生长期。

40 什么是水稻品种的感光性、感温性和基本营养生长性？

水稻品种的感光性、感温性和基本营养生长性也称为水稻的“三性”。

水稻品种因受日照长短的影响而改变其生育期的特性，称为感光性。在适合生长发育的日照长度范围内，短日照可使感光性水稻品种生育期缩短，长日照可使其生育期延长。南方稻区的晚稻品种感光性强，而早稻品种感光性弱；中稻品种的感光特性介于早稻和晚稻之间。感光性强的品种，在长日照条件下不能抽穗。

水稻品种因受温度影响而改变其生育期的特性，称为感温性。在适合生长发育的温度范围内，高温可使感温性水稻品种生育期缩短，低温可使其生育期延长。

即使在最适合的光照和温度条件下，水稻品种也必须经过一个最短营养生长期，才能进入生殖生长，开始幼穗分化。这个短日、高温下的最短营养生长期称为基本营养生长期（又称短日高温生长期），水稻这种特性称为基本营养生长性。

41 水稻品种生育期由哪些因子决定？

水稻品种生育期主要由品种对环境的温度和日长时数的反应决定。在正常栽培条件下，水稻生殖生长时间的长短变化幅度不大，营养生长期的长短则因品种的熟期迟早而变化很大。水稻的感光性、感温性和基本营养生长性统称为水稻的“三性”，三者决定着水稻品种的生育期长短。

水稻自高纬度的北方稻区引向低纬度的南方稻区种植，生育期一般缩短，尤其是东北的早粳稻，全生育期所需积温较少，对高温反应敏感，引到低纬度南方种植，应适当早播，秧龄不宜太大，以增加大田营养生长期，才能获得高产。水稻从低纬度的南方稻区引向高纬度的北方稻区种植，生育期延长，早稻引种容易成功，晚稻可能在稻作季节不能正常抽穗成熟，必须选取较早熟的品种作为引种对象。纬度相同、海拔不同的稻区引种，如从海拔低的稻区向海拔高的稻区引种，生育期延长，选用早熟品种引种较易成功；反之，从高海拔向低海拔稻区引种，生育期缩短，选用迟熟品种引种才容易获得稳产高产。相同纬度、相同海拔稻区之间引种，成功率较高。

42 水稻单位面积产量由哪些因子决定？

水稻单位面积产量由单位面积穗数、每穗总粒数、结实率和千粒重构成。

水稻单位面积产量（吨/公顷）=每平方米穗数 × 每穗总粒数 × 结实率（%）× 千粒重（克）$\times 10^{-5}$

水稻单位面积产量（吨/公顷）=每平方米总粒数 × 结实率（%）× 千粒重（克）$\times 10^{-5}$

水稻产量随产量构成因子的增加而增加，产量构成因子中以单位面积总粒数与产量的相关性关系最密切，贡献最大。单位面积总粒数由单位面积穗数和每穗总粒数构成，单位面积穗数由移栽密度、单株分蘖数和分蘖成穗率三者构成。单位面积穗数和千粒重在低产低肥条件下与产量有密切关系，在高产高肥条件下当穗数达到一定范围后与产量关系较小。穗粒数与穗重之间具有补偿作用。千粒重则比较稳定。

43 水稻各产量构成因子是由什么时期确定的？

单位面积穗数由移栽密度、单株分蘖数和分蘖成穗率三者构成。单株分蘖数和分蘖成穗率与秧苗的壮弱有密切关系，因此，育秧期是分蘖成穗的基础，分蘖期营养和生长条件是分蘖成穗的关键，分蘖期是穗数的确定期。粒数是在幼穗分化发育期确定的，每穗总粒数的多少主要取决于幼穗分化形成的颖花数和颖花结实率。颖花分化形成的数量与分化时植株的茎秆粗细、营养水平高低成正比，所以颖花分化前的分蘖期是奠定粒数基础的时期。粒重是在抽穗后的结实期确定的。粒重的大小由谷壳大小和谷粒充实程度决定。谷壳大小是在幼穗分化发育期确定的，而且谷粒灌浆物质的1/3左右来自抽穗前的储藏物质，所以幼穗分化发育期是奠定粒重的重要时期。

44 高产水稻的叶色变化有何规律？

高产水稻的叶色变化规律：

移栽返青期叶色显“黄”。有效分蘖期叶色显“黑”，有利于促进分蘖早生快发，到有效分蘖末期叶色最“黑”。无效分蘖期叶色显“淡”，有利于控制无效分蘖生长，有利于改善株型，促进根系的生长。拔节前后叶色显“淡”，有利于营养生长向生殖生长转变，有效地控制基部节间的伸长，促进茎秆粗壮，防止倒伏，提高结实率。孕穗期叶色变“深”，利于形成大穗，促进颖花发育，提高颖花数。早稻由于拔节孕穗期较短，叶色变“淡”不明显。破口期叶色变“淡”，可增加茎、叶的物质积累，为提高结实率创造条件，而且可以减少穗颈瘟的发生。齐穗以后叶色转“深”，维持较长时间，到结实后期自然转“黄”，有利于提高结实率和粒重。

45 什么是水稻叶龄模式，如何应用？

水稻叶龄模式是根据水稻器官同伸规律，应用水稻主茎叶片生育进程，来确定水稻的生育时期及其相应的高产栽培技术和肥水管理的“促”“控”措施。首先，明确品种的主茎总叶数及伸长节间数。然后，确定有效分蘖临界叶龄期、拔节叶龄期、穗分化进程的叶龄期、最上3个节位根发生的叶龄期。最后，绘制品种的叶龄模式图，描述各器官以叶龄进程为指标的水稻发育状况，并以此作为田间诊断，制订栽培方案及技术措施的依据。

水稻叶龄模式在生产上的应用：①建立叶龄观察点，掌握叶龄进程；②根据叶龄模式原理，进行关键措施的改进；③以叶龄模式为核心，建立适用于当地的叶龄模式栽培技术体系；④通过技术培训掌握叶龄模式田间诊断技术。

46 什么是有效分蘖和无效分蘖，怎样判断分蘖的有效性？

水稻有效分蘖是指在成熟期能抽穗并能结实10粒以上的分蘖；在成熟期不能抽穗或能抽穗而结实粒数少于10粒的分蘖，叫无效分蘖。有效分蘖决定最终的单位面积有效穗数，是构成产量的主要因素。在生产上应采取促进措施，争取更多的有效分蘖，减少无效分蘖。分蘖能否成穗与分蘖自身叶片数的多少、群体大小及植株营养状况等条件有关。当分蘖长出第3片叶时自身开始发根，可以不依赖母茎独立生活。在分蘖后期只有1 ~ 2片叶的分蘖没有独立根系，成为无效分蘖；具3片叶的分蘖有少量根系，有可能成穗；具4片叶及以上的大分蘖一般都能成穗，成为有效分蘖。

47 如何防止水稻倒伏？

第一，选用抗倒性强的品种。第二，要合理密植。根据不同品种的分蘖特性和土壤肥力与供肥水平，确定适宜的移栽密度，过密移栽则群体过大，容易导致倒伏，过稀移栽群体不足，也不利于高产。第三，要合理施肥，适量施用氮肥，增施磷、钾肥和有机肥。根据水稻需肥规律和土壤供肥能力科学合理配方施肥，做到氮、磷、钾肥与有机肥配合施用，增强抗倒性。第四，做到合理管水，浅水栽秧，寸水活棵，达到预期茎蘖数指标时进行搁田，既能控制无效分蘖，又能提高抗倒能力。灌浆期干湿交替管水，达到养根保叶、提高抗倒伏能力的效果。第五，要注意防治稻瘟病、纹枯病、稻飞虱、稻螟虫等，预防病虫害引起的倒伏。

48 水稻一生需要多少肥？

水稻一生需肥量为每100千克稻谷需要吸收氮素2.0 ~ 2.4千克、五氧化二磷0.9 ~ 1.4千克、氧化钾2.5 ~ 2.9千克。水稻的施肥量应根据土壤养分供应量、水稻目标产量、肥料利用率及各种肥料的性质等多方面因素确定。土壤养分供应量可按水稻需肥总量的60%左右进行估算。不同肥料、不同季节的肥料利用率具有

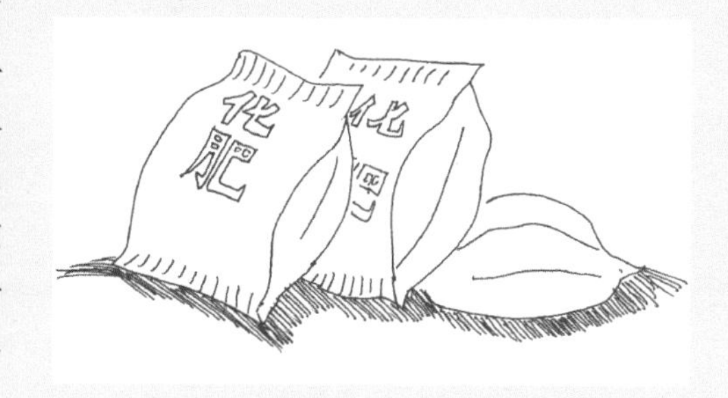

差异，氮肥利用率为30%～40%，钾肥利用率为40%左右，过磷酸钙利用率为30%左右，有机肥利用率为20%左右。综合考虑土壤养分供应能力、肥料利用率以及生产水平等因素，在土壤养分中等的情况下，每公顷水稻产量7 500千克需要施用氮肥（N）180千克、磷肥（P_2O_5）82.5千克、钾肥（K_2O）150千克左右。

49 水稻主要肥料有哪些，这些肥料有效成分含量是多少？

水稻肥料主要分为有机肥和化肥两类。有机肥主要有绿肥、厩肥、秸秆、饼肥、沼气肥、人粪尿、湖塘泥等。有机肥一定要充分腐熟再施用。绿肥主要有紫云英、黄花苜蓿、苕子、草木樨等，还有红萍、水花生、水浮莲等，如紫云英鲜草含氮0.33%、五氧化二磷0.08%、氧化钾0.23%。厩肥又分猪、牛、驴、马厩肥，宜与其他肥料一起施用。化肥又分氮肥、钾肥、磷肥、复合肥和微量元素化肥等。各类化肥有效成分见下表。复合肥根据有效成分分为氮钾复合肥、氮磷复合肥和氮磷钾复合肥，在水稻上常用的是有效成分为1：1：1的氮磷钾复合肥。

水稻上常用的各类化肥有效成分汇总

种　类	有效成分（%）
硫酸铵（N）	20～21
氯化铵（N）	24～26
碳酸氢铵（N）	17
硝酸铵（N）	33～35
尿素（N）	45～46
氯化钾（K_2O）	60
硫酸钾（K_2O）	50

（续）

种　类	有效成分（%）
过磷酸钙（P_2O_5）	14～18
重过磷酸钙（P_2O_5）	42～46
钙镁磷肥（P_2O_5）	18～20
磷酸二钙（P_2O_5）	21～27
磷酸二铵	氮（N）含量≥18%，有效磷（P_2O_5）含量≥38%

50 水稻一生如何施肥？

水稻一生施肥一般可分为基肥、分蘖肥、穗肥。基肥是在水稻移栽前施入土壤的肥料，尽量做到有机肥与无机肥相结合，基肥应占氮肥总量的50%左右，一般结合移栽前的最后一次耙田施用。分蘖肥宜早施，一般占氮肥总量的30%左右，在移栽或插秧后1周内施下。穗肥根据追肥的时期和所追肥料的作用，可分为促花肥和保花肥，但在生产实践中，穗肥一般不分促花肥和保花肥，而在移栽后40～50天时施用，一般占氮肥总量的20%左右。抽穗扬花后，根据品种类型和生长状况确定施粒肥，一般可在抽穗扬花后期及灌浆期各喷施一次，每公顷每次用磷酸二氢钾2 250克，兑水750～900千克，于傍晚喷施，具有增加粒重、减少空秕粒的作用。

51 如何看苗施穗肥？

穗肥因施用时期和作用不同，可分为促花肥和保花肥。促花肥一般在倒4叶露尖时施用，保花肥一般在倒2叶露尖时施用。穗肥一般占氮肥总量的20%左右（籼稻）或者40%左右

(粳稻)，穗肥施用时要看田、看苗、看天而定。①地力较肥或前期施肥较多、水稻生长苗势较旺的应少施氮肥，可配施钾肥；地力较瘦或前期施肥较少，水稻生长苗势较弱，叶片挺直，叶色褪黄的要适当多施氮肥。②晴天可适当多施穗肥，阴雨天可适当减施穗肥。③前期施肥适当、水稻长势平衡的保花肥用量不宜过多，破口时，如叶色褪淡明显，可少量补施一次，以氮磷钾复合肥为好。

52 为什么要稻草还田，如何操作？

稻草含有丰富的有机质和氮、磷、钾等元素，能使土壤疏松、通气，改善土壤物理性状，因此，稻草还田可以提高土壤肥力，增产效果明显。稻草可以直接还田，也可以堆肥还田。稻草直接还田具体操作如下：①稻草还田施用量一般为稻草总量的2/3左右，将稻草切割成2 ~ 3段，均匀撒施于田中。②及时淹灌并将稻草翻压入土。③配合施用速效氮肥，每公顷施碳

稻草还田

酸氢铵150 ~ 225千克。④在水分管理上要浅灌勤灌，以利通气增氧。⑤有病害的稻草不能直接还田，应堆肥还田。

53 水稻什么时期缺水对产量影响大？

孕穗至抽穗期缺水对产量影响最大。这一时期植株光合作用强，新陈代谢旺盛，是水稻一生中需水较多的时期，此时缺水将会降低光合能力，影响幼穗发育，影响枝梗和颖花发育，增加颖花的退化和不孕，使稻株根系活力下降。孕穗初期受旱抑制枝梗、颖花原基分化，每穗粒数少；孕穗中期缺水使内外颖和雌雄蕊发育不良。减数分裂期缺水造成颖花大量退化，粒数减少，结实率下降。抽穗期缺水造成抽穗开花困难，不仅抽穗不齐，包颈白穗多，降低结实率，甚至直接造成抽不出穗，严重影响水稻产量。

54 水稻为什么要进行搁田，如何操作？

水稻搁田具有协调水稻碳、氮关系，控制无效分蘖，促根、壮秆、控蘖、防病等综合作用。不同栽培方式水稻搁田应采取不同的策略，做到适时适度。通常在无效分蘖期到穗分化初期这段时间进行搁田，操作中因品种类型而异，一般在从有效分蘖临界叶龄期前一个叶龄开始至倒3叶期结束这段时间内进行。在有效叶龄期前茎蘖数达到适宜穗数的稻田要适当重搁先搁，如果稻田群体生长比较弱，可适当推迟搁田和适当轻搁。搁田要求在倒3叶末期结束，进入倒2叶期，田间必须复水。搁田程度还要看田、看苗、看天而定。爽水性良好的稻田要轻搁，而黏土、低洼稻田可重搁。阴雨天气、苗势较好的稻田要适度重搁。

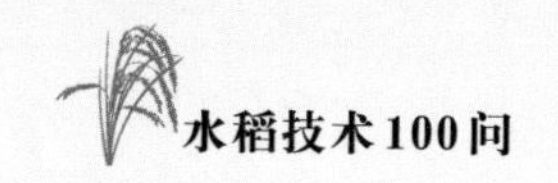

55 高产水稻在水分管理上有何特点？

水稻灌水必须根据其需水规律，即在水稻生长发育的不同阶段采取不同的水分管理方式。合理科学灌水是水稻高产稳产的一项重要技术措施，主要技术要领如下：①浅水移栽返青，栽秧时水要浅，不浮秧，立苗快。②湿润促分蘖，适当保持田面湿润，利于分蘖早发。③够苗期晒田，当田间苗数达到预期苗数时，要适度排水搁田，控制后期无效分蘖。④寸水孕穗抽穗，水稻孕穗抽穗期稻田应保持1寸[①]左右水层，确保穗大粒多。⑤灌浆成熟期田间进行干湿交替间歇灌溉，减少空壳秕粒，增加千粒重。到黄熟阶段后，稻田应排水落干，以利于籽粒充实饱满，便于田间收获。

56 怎样防御低温对水稻的影响？

低温会引起水稻的生理障碍，造成冷害。冷害是影响水稻高产的主要自然灾害之一。低温对水稻生育的影响因生育阶段而不同。苗期低温水育秧苗会引起绵腐病和烂秧，旱育秧苗会引起立枯病和青枯病；返青期遇低温，会延迟返青甚至导致秧苗枯死；分蘖期低温会使出叶间隔时间增加，叶片减少，分蘖减少；长穗期低温，会延迟水稻抽穗开花，甚至造成小穗小花

① 寸为非法定计量单位，1寸≈3.3厘米。——编者注

败育；开花成熟期低温，会使水稻不能正常开花、受精结实及灌浆成熟。

防御措施：①根据水稻品种灌浆期的长短确定适宜抽穗期，既可以防御低温冷害，又能避免抽穗过早造成后期温度资源的浪费、早衰及发生穗颈瘟。②选用抗寒性强的品种，以中熟品种为主，合理搭配各种熟期品种的比例。③增施磷肥，不仅有助于插后返青，还可促进植株的出穗、开花、成熟。增施有机肥，既能改良土壤又能促进早熟。④合理搭配前后期氮肥的比例，也有利于早熟，避开低温。⑤加强田间管理，穗分化时遇低温灌深水；施用促早熟的生长调节剂，如增产灵、磷酸二氢钾和尿素混合液，收效较好。

57 怎样避开高温对水稻结实的影响？

早中熟中稻抽穗开花期遭遇高温天气，会引起花粉活力下降，颖花不育，造成水稻减产。避开高温对水稻结实的影响，要适期播种，避开炎热高温。要将一季中稻的最佳抽穗扬花期安排在8月中旬，以有效地避开7月下旬至8月上旬存在的常发性高温伏旱天气。合理筛选应用抗高温的品种，调整水稻后期追肥，提高施肥中的磷、钾肥比例是有效的抗热害措施。当水稻处于抽穗扬花等高温敏感时期，如遇35℃以上高温天气有可能形成热害时，可以在田间灌深水以降低穗层温度；可以根外喷施3%过磷酸钙或

0.2%磷酸二氢钾溶液，以增强稻株对高温的抗性，减轻高温伤害。如已遇高温，则加强受灾田块的后期管理，首先坚持浅水湿润灌溉，防止夹秋旱使灾害进一步加剧，后期切忌断水过早，以收获前7 ~ 10天断水为宜；其次加强病虫害的防治。另外，还可蓄养再生稻。根据不同地区不同的受灾程度，因地制宜蓄养再生稻是一种有效的补救技术措施。

58 怎样补救洪涝对水稻的影响？

洪涝一般出现在水稻孕穗、抽穗、扬花的关键时期，会严重影响水稻的生长发育和结实，最终导致严重减产。补救洪涝对水稻的影响，要清沟排渍，清淤清沙，扶苗洗苗。对较易复耕的及时复耕种植，并防治病虫草害，如抢晴防治稻瘟病、纹枯病、稻飞虱、稻纵卷叶螟等水稻病虫害，一般用新克瘟散和富士1号药剂防治穗颈瘟，用井冈霉素防治纹枯病；每公顷追施尿素30.0 ~ 37.5千克加磷肥75.0千克；另外可采用根外追肥的方法，一般是在乳熟期每公顷施磷酸二氢钾2 250克加植保素15小瓶兑水900千克喷施或用其他叶面肥喷施。对难以恢复的稻田，改种蔬菜等其他农作物，加强病虫害防治。

59 稻田有害生物包括哪些种类？

稻田有害生物主要包括引起水稻病害的病原、水稻害虫、杂草、鼠类、鸟类等。

引起水稻病害的病原有真菌、细菌、病毒、线虫等。据此水稻病害可分为：真菌性病害，如稻瘟病、纹枯病、稻曲病、穗腐病、恶苗病、叶鞘腐败病等；细菌性病害，如白叶枯病、细菌性条斑病、细菌性基腐病、细菌性穗（谷）枯病等；病毒病害，如水稻条纹叶枯病、黑条矮缩病、南方水稻黑条矮缩病、黄矮病等；线虫病害，如干尖线虫病、根结线虫病等。

害虫可分为：食叶性害虫，如稻纵卷叶螟、稻苞虫、稻螟蛉、黏虫、稻蝗；钻蛀性害虫，包括螟虫（二化螟、三化螟、台湾稻螟、大螟）、稻瘿蚊、稻秆潜蝇等；刺吸性害虫，主要有稻飞虱、稻叶蝉、稻蝽类、稻蓟马等；食根性害虫，如稻象甲、稻水象甲、蝼蛄等。

稻田最常见的杂草有稗草、鸭舌草、千金子、野荸荠、水花生、牛毛毡等。鼠类主要是田鼠，鸟类主要是麻雀。

60 水稻纹枯病怎样识别和防治？

纹枯病又名云纹病、花脚秆，属真菌病害。水稻分蘖期开始发病，主要危害叶鞘、叶片，严重时可侵入茎秆并蔓延至穗部。叶鞘发病先在近水面处出现水渍状暗绿色小点，逐渐扩大后呈椭圆形或云形病斑。叶片病斑与叶鞘病斑相似。水稻发病严重时，叶片早枯，可导致稻株不能正常抽穗，即使抽穗，病斑蔓延至穗部，造成瘪谷增加，粒重下降，并可造成倒伏或整株枯死，有时造成“串顶”。湿度大时或在感病品种上，菌丝可扭结成菌核，初为浅

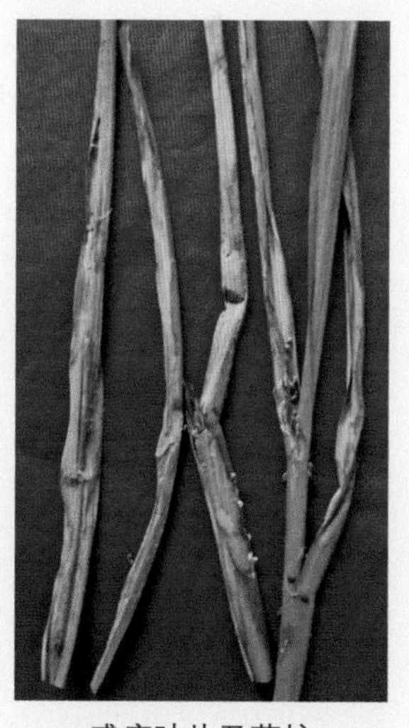

感病叶片及菌核

（乳）白色，后期变为黄褐色或暗褐色，扁球形或不规则，菌核以少量菌丝联结于病部表面，容易脱落。高温、高湿（25～33℃，相对湿度90％以上）最有利于该病的发生、发展和危害。

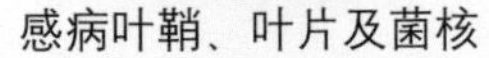
感病叶鞘、叶片及菌核

大田感病植株症状

防治适期 纹枯病防治适期在分蘖末期至抽穗期，以孕穗至始穗期防治为最好。要加强田间调查，根据发病时期进行防治。一般分蘖末期丛发病率达5%～10%，孕穗期丛发病率达10%～15%时，需用药防治。高温高湿天气要连防2次，间隔期7～10天。

防治方法

（1）打捞菌核，减少菌源。

（2）施足基肥，早施追肥，不偏施、迟施氮肥，增施磷、钾肥。

（3）用水要贯彻“前浅、中晒、后湿润”的原则。

（4）药剂防治。可用5%井冈霉素水剂、10%井冈霉素水剂、24%井冈霉素A水剂、井冈·蜡芽菌、申嗪霉素等生物源药剂；或12.5%纹霉清水剂、20%纹霉清悬浮剂、15%粉锈宁可湿性粉剂、苯甲·丙环唑、氟环唑、咪铜·氟环唑、75%肟菌·戊唑醇水分散粒剂、32.5%苯甲·嘧菌酯悬浮剂、40%春雷·噻唑锌悬浮剂、24%噻呋酰胺悬浮剂等化学药剂防治。兑水50 ~ 60千克，喷雾时要保证用水量，均匀喷雾到稻株中下部。

61 稻瘟病怎样识别和防治？

稻瘟病又名稻热病、火烧瘟、叩头瘟，属真菌性病害，可种子带菌。根据病害发生的时期和危害部位不同，稻瘟病可分为苗瘟、叶瘟[普通型（1)、急性型（2)、白点型（3)、褐点（慢性）型（4）]、节瘟（叶枕瘟)、穗颈瘟、枝梗瘟、谷粒瘟。最主要的是叶瘟和穗颈瘟。叶瘟典型病斑为牛眼状，初为铁锈红色，后期中间枯白；穗颈瘟是水稻穗颈部受到病原菌侵染，变成鼠灰色或黑褐色死亡，造成白穗或瘪谷。穗颈瘟发生早晚不同，造成的产量损失不同，损失可达30% ~ 100%。

苗　瘟

叶　瘟

穗颈瘟

防治方法 稻瘟病的防治宜选用抗性品种，采取农业防治与化学防治相结合的措施。

（1）选用适合当地的抗病品种，注意品种合理配搭与适期更替；加强对病菌小种及品种抗性的变化动态监测。

（2）无病田留种，处理病稻草，消灭菌源，进行种子消毒。

（3）抓好以肥水管理为中心的栽培防病措施，提高植株抵抗力，做到施足基肥，早施追肥，中期适当控氮抑苗，后期看苗补肥。用水要贯彻“前浅、中晒、后湿润”的原则。

（4）加强测报，及时喷药防治。化学药剂防治稻瘟病应根据不同发病时期采用不同的方法，选择不同的药剂及时、准确用药。

①晒种选种：浸种前先晒种1 ～ 3天，然后用工业盐水或黄泥水选种（10千克清水+3 ～ 4千克黄泥或2千克工业盐），浸种前均需采取这两步。

②浸种药剂：用70%抗菌剂402或45%扑霉灵乳油或40%多·福可湿性粉剂浸种，均浸48小时后捞出催芽、播种。早、晚稻秧床用40%三环唑可湿性粉剂每公顷600克作为“面药”，先用

少量水将药粉调成浓浆，然后兑水40千克均匀浇泼在秧床上；用种子量的0.5%～1.0%（2万单位）春雷霉素可湿性粉剂拌种。

③防治穗颈瘟：着重在抽穗期进行预防保护，破口期和齐穗期是防治适期。或当孕穗末期叶发病率2%以上、剑叶发病率1%以上，或周围田块已发生叶瘟的感病品种田和施氮过多生长嫩绿的稻田、往年发病较重的稻田用药2～3次，间隔期为10天左右。

防治苗瘟、叶瘟、穗颈瘟可用枯草芽孢杆菌、多抗霉素、春雷霉素、井冈·蜡芽菌、申嗪霉素等生物源农药；苗瘟还可用75%三环唑可湿性粉剂、40%克瘟散乳油、40%异稻瘟净乳油或40%稻瘟灵乳油（粉剂）等化学药剂。

注意事项

三环唑属于预防性杀菌剂，对预防稻瘟病有特效，但治疗效果较差，一般应在病害发生前使用，特别是防治穗颈瘟，一定要在破口初期和齐穗期使用；宜用细雾均匀喷于稻株上部。

62 稻曲病和水稻穗腐病怎样识别和防治？

（1）稻曲病。又称青粉病、伪黑穗病，多发生在收成好的年份，故又名丰收果，属真菌性病害。主要在水稻孕穗后期—抽穗扬花期感病（也有认为是由种子带菌引起的系统性病害），危害穗上部分谷粒，少则每穗1～2粒，多则可有10多粒甚至几十粒受害。受害病粒上的菌丝在谷粒内形成块状，逐渐膨大，形成比正常谷粒大3～4倍的菌球（稻曲球），颜色初为乳白色，逐渐变为黄色—墨绿色—黑色，最后孢子座表面龟裂，散出墨绿色粉状物，有毒。孢子座表面可产生黑色、扁平、硬质的菌核。

前期乳白色菌球

中期黄色菌球

后期墨绿色—黑色菌球

大田中后期稻曲病感病稻穗

防治方法 防治稻曲病可采用“一浸两喷，叶枕平定时”的施药方法。

一浸：首先进行晒种和盐水（黄泥水）选种。之后进行药剂浸种，可用12%水稻力量乳油70毫升兑水50千克浸种；70%抗菌剂402 2 000倍液浸种；50%多菌灵可湿性粉剂500倍液浸种；40%多·福可湿性粉剂500倍液浸种。均浸48小时，浸后捞出催芽、播种。

两喷：水稻后期病害如稻曲病、穗颈瘟、穗腐病、穗枯病、白叶枯病、细菌性条斑病等的最佳防治方法是在水稻生育后期打两次药，即“两喷”。如何适时、精准打药对取得好的防效非常关键，叶枕平（剑叶叶枕与倒2叶叶枕处于同一水平）时喷药科学、精准，易掌握和操作。

第一喷：对于稻曲病，在田间1/3 ～ 1/2的植株达到叶枕平时喷第一次药。

第二喷：在水稻破口（5%～ 10%植株抽穗，或第一次施药后7 ～ 14天）时喷第二次药。

一般病害防控都需要早防早控，即在病害发生初期喷药防治。稻曲病等要以预防为主，在病害未发生（稻曲球未出现）时喷药防治。若发现稻曲球后再喷药几乎没有效果。判断稻曲病是否发生的四大因素：①水稻关键（敏感）生育期（孕穗中后期—抽穗扬花期）与适宜病害发生流行的气候条件是否相遇；②水稻品种对稻曲病的抗性；③当地田间病原菌基数；④田间肥水管理及水稻生长情况。

防治稻曲病药剂：可用井冈·蜡芽菌、24%井冈霉素A水剂、申嗪霉素等生物源药剂；或苯甲·丙环唑、氟环唑、咪铜·氟环唑、己唑醇、戊唑醇、75%肟菌·戊唑醇水分散粒剂、30%苯甲·丙环唑乳油、5%井冈霉素水剂、16%井·酮·三环唑可湿性粉剂等化学药剂。

（2）水稻穗腐病。由禾谷镰刀菌为主的多种真菌引起的寄生性及腐生性水稻穗部谷粒病害。水稻抽穗灌浆—乳熟期最易感染，前期稻穗部分或全部谷粒感病呈铁锈色、黄褐色，后期呈灰白色至黑褐色，为孢子粉。一个穗上多为中下部分的谷粒感病，前期感病空粒多，后期感病半空粒多，米粒畸形、黄褐色。

大田前期感病症状

感病稻穗后期症状

大田后期感病症状

防治方法

种子药剂处理：将谷种用干净冷水预浸12小时，再用70%甲基硫菌灵可湿性粉剂700倍液或20%三环唑可湿性粉剂1 000倍液或50%多菌灵可湿性粉剂800倍液浸种24小时。之后，捞出水洗催芽播种。

大田药剂防治：在始穗期（5%～10%抽穗）和扬花—灌浆期结合防治穗颈瘟、稻曲病等防治穗腐病。每公顷用70%甲基硫菌灵可湿性粉剂1 500克、20%三环唑可湿性粉剂1 500克、40%灭病威悬浮剂3 000毫升、75%拿敌稳水分散粒剂300克、16%井·酮·三环唑可湿性粉剂2 250克，均兑水675 ～ 750千克细雾均匀喷于水稻植株上部。在生产过程中可视需要在乳熟期再喷药一次。

63 水稻细菌性病害怎样识别和防治?

这里主要介绍对水稻生产影响较大的白叶枯病和细菌性条斑病，均由细菌侵染引起，是系统性的病害，发生后较难控制。

（1）白叶枯病。又称白叶瘟、茅草瘟、地火烧，主要危害水稻植株顶部3片叶，使其枯死，影响光合作用。危害水稻叶片和叶鞘，病斑常从叶尖和叶缘开始，后沿叶缘两侧或中脉发展成波纹状长条斑，病斑黄白色，病健部分界线明显。后期病斑转为灰白色，向内卷曲，远望一片枯槁色，故有白叶枯病一称，湿度大时感病品种及发病重的叶片上会出现乳白至乳黄色菌脓。有4种症状：叶枯型、急性型、凋萎型、黄叶（化）型。

感病叶片

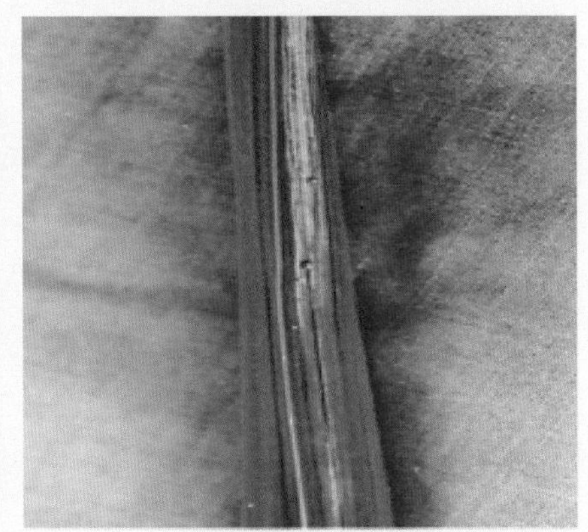
感病症状及菌脓

大田感病症状

防治方法 防治水稻白叶枯病关键是要早发现、早防治，封锁或铲除发病株和发病中心。病株或发病中心，大风暴雨前后的发病田及邻近稻田，受淹和生长嫩绿的稻田是防治重点。秧田在秧苗3叶期及拔秧前2～3天用药；大田在水稻分蘖期及孕穗期的初发病阶段用药，特别是出现急性型病斑而气候有利于发病时，需要立即用药防治。

①晒种选种：稻种在药剂消毒处理前，先晒种1～3天，可促进种子发芽和病菌萌动，以利杀菌，再用风、筛、簸、泥水、盐水选种，然后消毒。

②浸种消毒：用40%强氯精300倍液浸种。稻种先用清水浸24小时后滤水晾干，再用药液浸种，早稻浸24小时，晚稻浸12小时，捞出用清水冲洗干净，早稻再用清水浸12小时(晚稻不浸)，捞出催芽、播种；或用70%抗菌剂402 2 000倍液浸种48小时，捞出催芽、播种；或用30%苯噻硫氰乳油1 000倍液浸种6小时，浸种时不断搅拌，捞出再用清水浸种，之后催芽、播种。

③大田喷雾防治：出现病株、发病中心的田块，大风暴雨后的发病田及其邻近稻田，以及受淹稻田和易感病品种田应及时进行防治。每公顷用20%噻唑锌悬浮剂1 500～1 875毫升、20%叶青双可湿性粉剂1 500克、20%龙克菌胶悬剂1 500～1 800克、50%消菌王可溶性粉剂600～750克、90%克菌壮可溶性粉剂1 125克、77%可杀得可湿性粉剂1 800克、25%叶枯灵可湿性粉剂4 500克、12%水稻力量乳油1 050毫升、45%代森铵水剂750毫升、30%苯噻硫氰乳油750毫升或24%农用链霉素可溶性粉剂375克，均兑水750～900千克，细雾均匀喷于稻株上部叶片。

（2）细菌性条斑病。简称细条病，主要危害叶片，病斑初期沿叶脉扩展呈暗绿色或黄褐色纤细条纹，宽0.5～1.0毫米，长3.0 ~ 5.0毫米，后期病斑增多并愈合成不规则状或长条状枯白色条斑，对光观察，病斑由许多半透明的小条斑愈合而成。

感病叶片症状及菌脓

大田后期感病叶片症状

大田中期感病症状

防治方法 参见水稻白叶枯病防治方法。

64 水稻条纹叶枯病怎样识别与防治？

水稻条纹叶枯病是由病毒引起的一种水稻系统性病毒病害，水稻一旦感病基本无法防治。植物病毒与动物病毒不同，动物病毒如疯牛病毒、猪口蹄疫病毒、禽流感病毒等是可以感染人的，植物病毒一般不会传染人，但会影响农产品产量和品质。病毒病自身很难传播，在离体条件下很难培养。病毒病主要是通过传毒媒介昆虫传播病毒在群体间传染。因此，病毒病的防治主要是“治虫防病”，切断传毒链。植株一旦感病，最好是将其踩入泥土或拔除深埋或烧毁，以减少或消灭毒源，防止病害扩展。

苗期发病，先在心叶基部出现黄白斑，后病斑向上扩展，形成黄绿相间、与叶脉平行的条纹，心叶细弱扭曲，呈纸捻状，弯曲下垂。分蘖期发病一般在心叶下一叶基部出现褐绿黄斑，后扩大成不规则黄条斑；拔节后发病，仅在上部叶片或心叶基部出现褪绿黄白斑，后扩大成不规则条斑，最后植株黄化死亡。稻田后期部分植株干枯，不抽穗或半抽穗，瘪谷多。病毒主要由灰飞虱传播，白背飞虱也可传毒。

大田前期受害植株

大田中后期受害植株及传毒昆虫灰飞虱

防治适期 育秧前防治前茬（如麦田）灰飞虱；秧田期和移栽后7 ~ 10天加强灰飞虱防治。

防治方法

①农业防治：调整稻田耕作制度和作物布局，实施“治麦田，保秧田”措施，防治好灰飞虱，切断病源传播途径；善管肥水，促植株早生快发，增强植株抗逆力，减轻发病程度。

②药剂防治：坚持“切断毒链，治虫控病”。移栽稻在播种后7 ~ 10天，每公顷使用5%锐劲特悬浮剂600 ~ 750毫升或10%吡虫啉可湿性粉剂450克，与速效性强的药剂如40%毒死蜱乳油1 200 ~ 1 500毫升等进行混用，或25%吡蚜酮·噻虫嗪悬浮剂525毫升+30%毒氟磷可湿性粉剂990克混用，隔7天视虫情开展第二次防治，移栽前2 ~ 3天要全面用好起身药，做到带药移栽；直播稻在1叶1心至2叶期进行第一次防治。

65 稻纵卷叶螟怎样识别和防治？

稻纵卷叶螟属食叶性害虫，完全变态昆虫，卵→幼虫→化蛹→成虫（蛾）为一个世代，初孵幼虫一般先爬入水稻心叶或附近叶鞘或旧虫苞中，虫量大时亦可几头幼虫聚集在叶尖、叶片一侧边缘结小虫苞，二龄幼虫则一般在叶尖或叶侧结小虫苞，三龄开始吐丝缀合叶片两边叶缘，将整段叶片向正面纵卷成苞，一般单叶成苞，少数可以将临近数片叶缀合成苞。幼虫取食叶片表皮与叶肉，仅留下白色下表皮及叶脉，虫苞上显现白斑。危害严重时，田间虫苞累累，甚至植株枯死，一片枯白，使水稻无法进行光合作用，造成空壳率增加，千粒重降低，对产量影响很大。

成虫、幼虫取食

大田前期危害状

大田后期危害状

防治方法 在防治上要综合考虑，在达到防治指标时再喷药防治。

①农业防治：合理施肥，防止偏施氮肥或施肥过迟。结合稻田管理，在幼虫孵化期间烤田，或在化蛹盛期灌水，减轻受害程度。

②物理防治：安装频振式杀虫灯诱杀成虫、稻田养鸭、保护青蛙等都有较好的防治效果，可有效减少下代虫源。

③生物防治：每公顷用杀螟杆菌、青虫菌等含活孢子量100亿个/克的菌粉2 250 ～ 3 000克，兑水750 ～ 900千克喷雾。也可在产卵始盛期至高峰期分期分批释放赤眼蜂，每公顷每次放45万～ 60万头，隔3天1次，连续3次。

④药剂防治：在分蘖期每百丛有效虫量40头、穗期每百丛20头以上即可用药防治，以幼虫盛孵期或二、三龄幼虫高峰期为宜。

防治稻纵卷叶螟药剂：优先选用苏云金杆菌、甘蓝夜蛾核型多角体病毒、球孢白僵菌、短稳杆菌、金龟子绿僵菌

CQMa421等生物源农药；化学药剂可选用6%阿维·氯苯酰悬浮剂、10%阿维·甲虫肼悬浮剂、氯虫苯甲酰胺、四氯虫酰胺、茚虫威、90%晶体敌百虫、50%杀螟松乳油、20%三唑磷乳油、40%丙溴磷乳油等。

66 水稻螟虫怎样识别和防治？

螟虫属钻蛀性害虫，完全变态昆虫，一生经历卵→幼虫→化蛹→成虫（蛾）4个阶段。主要包括二化螟、三化螟、大螟、台湾稻螟、褐边螟等，是我国水稻最为常见、危害最烈的一类害虫，俗称钻心虫或蛀心虫。

（1）二化螟。水稻苗期和分蘖期初孵幼虫先群集在叶鞘内危害，造成枯鞘；二、三龄幼虫分散蛀入茎内，危害致枯心；水稻孕穗期和抽穗期，幼虫蛀入危害，造成死孕穗和白穗；在乳熟期危害造成虫伤株，严重威胁水稻生产。由同一卵块上孵出的螟虫危害附近的稻株，枯心或白穗常成团出现，致田间出现“枯心团”或“白穗群”。

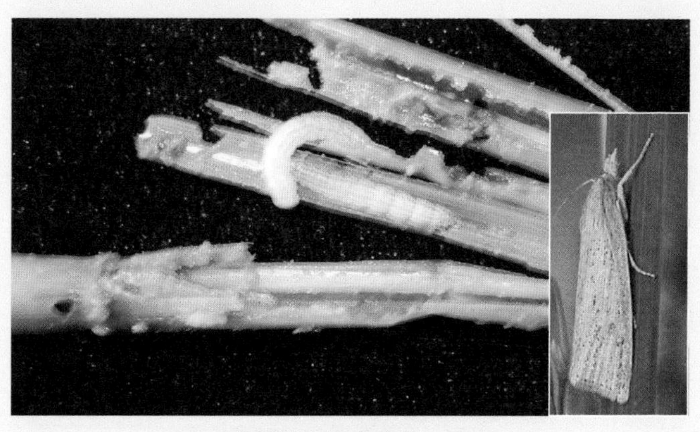

二化螟幼虫取食症状、成虫

二化螟前期危害水稻导致死心

二化螟后期大田危害状

防治适期 幼螟盛孵期。

防治方法

①农业防治：主要采取消灭越冬虫源、灌水灭蛹和选用抗虫品种等措施。

②物理防治：安装频振式杀虫灯诱杀成虫、稻田养鸭、保护青蛙等都有较好的防治效果，可有效减少下代虫源。

③药剂防治：当分蘖期孵化高峰后5～7天，每公顷有“枯鞘团”1 500个或枯鞘率1%～1.5%；或当破口期受害株率达0.1%时，应进行药剂防治。

二化螟、大螟，优先选用苏云金杆菌、金龟子绿僵菌CQMa421生物源农药；化学药剂可选用氯虫苯甲酰胺、甲氨基阿维菌素苯甲酸盐、甲氧虫酰肼，兑水后细雾喷洒到稻株中下部。

注意事项

施药时按要求兑足水量，细雾均匀喷施，不留空白；药后田间保持3～6厘米水层3～5天。要注意药剂轮换使用，延缓产生抗药性。

（2）三化螟。幼虫蛀食水稻茎秆，分蘖期受害，心叶纵卷成假枯心，造成枯心苗；孕穗期受害造成枯孕穗；破口抽穗期受害造成白穗；灌浆后受害造成虫伤株。

三化螟成虫、蛹

三化螟幼虫取食

防治适期 防治枯心苗，每公顷“危害团”750～900个及以上或丛危害率2%～3%时进行药剂防治。预防白穗发生：当卵块每公顷1 500～1 800块及以上时，于破口期防治，若发生量大，齐穗期再防治1次。

三化螟大田后期危害状

防治方法

①农业防治：冬季消灭越冬幼虫；开春化蛹盛期，灌水淹没稻根3天，杀死稻茬内越冬虫蛹。

②药剂防治与注意事项同二化螟。

67 稻飞虱怎样识别和防治？

飞虱为刺吸性吸汁害虫，属不完全变态昆虫，一个世代只经历卵→若虫→成虫。主要包括褐飞虱、白背飞虱、灰飞虱，前两者直接危害水稻造成减产，后者主要传播条纹叶枯病。以下主要介绍褐飞虱和白背飞虱。

（1）褐飞虱。成虫、若虫都能危害，一般群集于稻丛下部，用口器刺吸水稻茎秆汁液，消耗稻株营养、水分，并在茎秆上留下褐色伤痕、斑点，分泌蜜露引起叶片烟煤并引发其他腐生性病害，严重时，稻丛下部变黑色，逐渐全株枯萎。被害稻田常先在田中间出现"黄塘"、"穿顶"或"虱烧"，甚至全田枯死，早期受害颗粒无收，后期受害严重减产。此外，褐飞虱是齿叶矮缩病的传毒媒介。

褐飞虱喜温爱湿，生长适温20 ~ 30℃，最适温度26 ~ 28℃，适宜湿度80%以上，盛夏不热、深秋不凉、夏秋多雨是该虫大发生的气候条件。肥水管理不当，如没有认真搁田，排灌措施不到位导致地下水位高或施肥不当导致叶片徒长、荫蔽度大，即使降水量不多也因田间小气候湿度大而有利于褐飞虱的大发生。

防治适期和标准 水稻分蘖至圆秆拔节期，平均每百丛虫量700 ~ 800头；孕穗期，平均每百丛虫量500 ~ 600头；齐穗期，平均每百丛虫量800 ~ 900头及以上；乳熟期，平均每百丛虫量1 500头以上。

褐飞虱成虫、若虫

褐飞虱在稻株上取食

褐飞虱大田危害状

防治方法 充分利用农业增产措施和自然因子的控害作用，创造不利于害虫而有利于天敌繁殖和水稻增产的生态条件，在此基础上根据具体虫情，合理使用高效低毒的化学农药。

①农业防治：实施连片种植，合理布局，防止褐飞虱迂回转移、辗转危害。健身栽培，科学管理肥水，做到排灌自如；合理用肥，防止田间封行过早、稻苗徒长荫蔽，增加田间通风透光度，降低湿度。利用抗虫品种，我国目前有一大批抗褐飞虱的水稻品种育成和推广，成为褐飞虱治理的关键措施。保护利用自然天敌，除减少施药和施用选择性农药以外，可通过调节非稻田生境提高其中的天敌对稻田害虫的控制作用。

②物理防治：安装频振式杀虫灯诱杀成虫、稻田养鸭、保护青蛙等都有较好的防治效果，可有效减少下代虫源。

③化学防治：在若虫孵化高峰至二三龄若虫发生盛期，采用“突出重点、压前控后”的防治策略，选用高效、低毒、选择性农药。目前对褐飞虱的防治主要有两种特效农药——扑虱灵和吡虫啉。

防治褐飞虱，种子处理和带药移栽应用吡虫啉、噻虫嗪（不选用吡蚜酮，延缓其抗性发展）；喷雾选用金龟子绿僵菌CQMa421、醚菊酯、烯啶虫胺、吡蚜酮、90%敌敌畏乳油、80%烯啶·吡蚜酮水分散粒剂、10%三氟苯嘧啶悬浮剂、10%大功臣可湿性粉剂。均兑水后粗雾喷洒到稻株中下部。

注意事项

褐飞虱多集中在植株基部取食危害，应尽量将药液喷到基部；水稻生育后期，尤其是超级杂交稻密闭的大田要加大用药量，粗雾喷洒；褐飞虱已对扑虱灵、吡虫啉等产生强抗药性的稻区，注意选用新的有效药剂防治，同时要注意药剂轮换使用；喷药时田间应保持一定水层。

（2）白背飞虱。与褐飞虱危害差不多，但成虫、若虫在稻株上的分布位置较褐飞虱高。以成虫和若虫群集稻株下部吸取汁液，使稻株表面成褐色斑。危害重时，稻株基部变褐，渐渐全株枯萎，严重时造成全田枯死。

防治适期、标准、方法和注意事项 同褐飞虱。

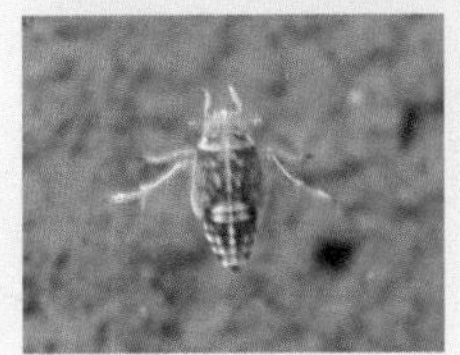

白背飞虱若虫

白背飞虱成虫

白背飞虱危害状（植株）

水稻病虫害防治要点

应用生物药剂品种时，施药期应适当提前，确保药效。稻虾、稻鱼、稻蟹等农业生态种养区和临近种桑养蚕区，需慎重选用农药；水稻扬花期慎用新烟碱类杀虫剂（吡虫啉、啶虫脒、噻虫嗪等），以减少对授粉昆虫的影响；破口抽穗期慎用三唑类杀菌剂，避免药害。

提倡不同作用机制农药的合理轮用与混配，避免长期、单一使用同一农药。提倡使用高含量单剂，避免使用低含量复配剂。禁止使用含拟除虫菊酯类成分的农药，慎重使用有机磷类农药。

目前，由于稻飞虱、螟虫、稻纵卷叶螟等对许多（尤其是使用多年）杀虫剂均产生了抗药性，因此在选用杀虫剂时要避免使用已产生抗药性的杀虫剂。病害对杀菌剂的抗药性相对害虫要轻些，但恶苗病菌对目前生产上使用的主要种子处理剂产生了明显的抗药性，也须慎重选用。

68 杂草对水稻有什么危害？

稻田杂草有100多种，主要分为禾本科杂草（如稗草）、阔叶杂草（如鸭舌草）、莎草科杂草（如异型莎草）三类。我国虽然幅员辽阔，气候条件相差较大，耕作栽培制度、品种各异，但发生危害较严重的杂草基本相同，主要包括禾本科杂草，如稗草、千金子、双穗雀稗、李氏禾；莎草科杂草，如异型莎草、水三棱、扁秆藨草、萤蔺、野荸荠、牛毛毡；阔叶杂草，如鳢肠、空心莲子草、鸭舌草、水苋菜、陌上菜、节节菜、矮慈姑、丁香蓼等。

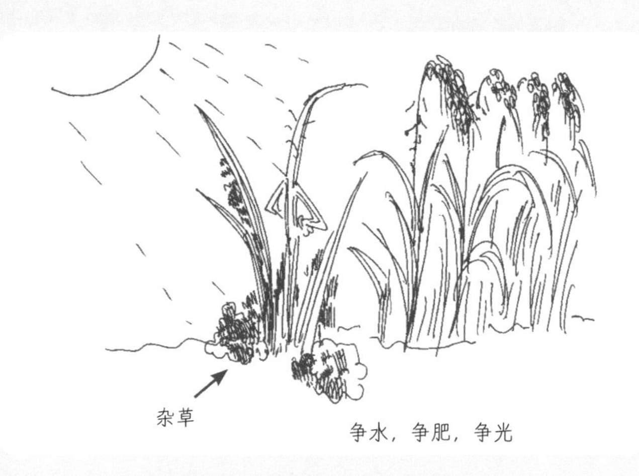

稻田杂草主要通过与水稻争水、争肥、争光来影响、危害水稻。由于杂草具有生长繁殖快、根系发达，一些杂草植株高大等特点，在与水稻共生一田的情况下，具有争水、肥、光的优势，从而抑制了水稻生长。另外，杂草种子混入稻谷会降低稻米品质。

稻田杂草生长有2次高峰期，第1次出草高峰一般在播种后5～7天和移栽、抛秧后10天左右出现，以禾本科的稗草、千金子和莎草科的异型莎草等一年生杂草为主，发生早、数量大、危害重。第2次出草高峰在播种、移栽、抛秧后20天左右出现，主要有莎草科杂草和阔叶类杂草。

69 如何防除秧田杂草？

稻种发芽后直接播于田里，水稻秧苗和杂草几乎同时生长，因而杂草种类和数量多，难以防除。

（1）旱育秧。在播种覆土后，每公顷秧田用42%丁草胺·噁草酮乳油1 500毫升兑水600千克，对土壤喷洒封闭，喷后覆膜。

（2）水育秧。在秧田播种塌谷后，每公顷用50%禾草丹乳油1 950毫升兑水900千克均匀喷雾在秧板上，雾点干后即可覆膜；或待秧苗长到2叶1心期，撤出田面水层，每公顷秧田用36%苄·二氯可湿性粉剂750克兑水600 ~ 750千克，对秧田喷雾。要求秧板平整、不重复喷施、药后保持湿润。

70 如何防除直播稻田杂草？

水稻直播包括水直播和旱直播。直播稻田的杂草一般先于水稻种子萌发，与稻同步生长。水直播稻田有多个出草高峰：第1个出草高峰在播后5 ~ 7天，以稗草、千金子、鳢肠为主；第2个出草高峰在播后15 ~ 20天，主要是异型莎草及阔叶杂草陌上菜、节节菜、鸭舌草等；第3个出草高峰在播后20 ~ 30天，部分田块出现，以萤蔺、水莎草为主，还有少数阔叶杂草。

（1）水直播稻田。除草采取“一封二杀三补”的方法，即芽前封杀处理、茎叶触杀处理和中期补除处理相结合的方法。重点抓好立针期和秧苗3 ~ 4叶期的两次用药。

播种后3～10天，稗草1.5叶期每公顷用10%吡嘧磺隆可湿性粉剂、10%吡嘧磺隆片剂等150～300克，拌细土撒施；在催芽稻种播后4～5天，用丙草胺（含安全剂）+苄嘧磺隆，兑水均匀喷雾进行土壤封闭；播种后20天左右，防除禾本科杂草可选用五氟磺草胺、噁唑酰草胺、氰氟草酯等，防除阔叶类杂草可选用灭草松、2甲4氯、苄嘧磺隆等进行茎叶喷雾处理。应保证田板湿润或有薄层水。

长江流域及南方其他稻区采用“一封二杀”的控草方法。播后苗前选用丙草胺（含安全剂）+苄嘧磺隆进行土壤封闭；水稻秧苗3～4叶期选用氰氟草酯、噁唑·氰氟等进行茎叶处理。西北稻区，在水稻2～3叶期选用五氟·氰氟、噁唑·氰氟等进行茎叶处理，上水后撒施苯噻·苄、丙·苄等控草。

（2）旱直播稻田。在播种并窨水落干后，使用异隆·丙·氯吡、丁·噁或二甲戊灵+苄嘧磺隆等，兑水均匀喷雾，进行土壤封闭；播种20天左右，根据田间草情，防除禾本科杂草可选用五氟磺草胺、噁唑酰草胺、氰氟草酯或二氯喹啉酸等，防除阔叶类杂草可选用灭草松、2甲4氯等进行茎叶喷雾处理。

长江流域稻区采用“一封二杀三补”的控草方法。播种后灌出苗水或保持土壤湿润，用土壤处理剂喷雾土壤表面，可控制多种禾本科杂草、莎草和部分阔叶杂草。播后苗前选用丁·噁、丙草胺等封闭，播后15～20天选用氰氟草酯、噁唑酰草胺等，后期选用噁唑·氰氟、噁唑酰草胺等进行茎叶处理；以旱直播为主的西北稻区，播种时用仲丁灵封闭，水稻2～3叶期选用噁唑·氰氟进行茎叶处理。

苗后除草：提倡早用药，巧用药。视田间禾本科杂草种类选择用药或选用旱青天、韩秋好、稻喜、二氯喹灵酸等药剂；此外，还要依据杂草草龄确定用药量。在禾本科杂草2～6叶时用旱青天或韩秋好，随着杂草苗龄增加，除草剂用量提高，每公顷用量1 200 ~ 2 100毫升，兑水450 ~ 600千克均匀喷雾。

也可在播后苗前或水稻长至1叶期、杂草1.5叶期左右，每公顷用25%农思它乳油1 500 ~ 3 000毫升，或25%农思它乳油1 050 ~ 2 250毫升加60%马歇特乳油1 050 ~ 1 500毫升，兑水450 ~ 600千克配成药液，均匀喷施。也可选用复配剂，如60%丁·噁草乳油（含10%噁草酮、50%丁草胺）、36%丁·噁草乳油等。

71 如何防除抛秧稻田杂草？

防除抛秧稻田杂草，一般结合上立苗水，采用药土法或药肥法进行。

（1）以稗草、莎草及阔叶杂草混生的抛秧田，在稻秧立苗后，稗草1.0 ~ 1.5叶期，每公顷用30%丁·苄可湿性粉剂1 500 ~ 1 875克，拌150 ~ 300千克湿细土均匀撒施，施药时保持田内有3 ~ 5厘米水层，4 ~ 5天不排水。

（2）以稗草、莎草为主的抛秧田，在稻秧立苗后，稗草2叶期前，每公顷用60%丁草胺乳油1 500毫升，拌150 ~ 300千克湿细土均匀撒施，田间保持浅水层3 ~ 5天。

（3）以阔叶杂草为主的抛秧田，于抛秧后7 ~ 10天，每公顷用10%苄嘧磺隆（或吡嘧磺隆）可湿性粉剂225克，拌150 ~ 300千克湿细土均匀撒施，保持田间水层3 ~ 5厘米，施药后保水5 ~ 7天。

72 如何防除机插移栽稻田杂草？

机插秧秧龄小、栽插浅，对除草剂安全性要求较高，且行距大、封行迟，出草早、危害较重。

在上水整地平田时，用丙草胺+苄嘧磺隆或吡嘧磺隆，兑水均匀喷施，自然落干后栽插，或在栽插后3～5天，用丙草胺、异隆·丙·氯吡等药剂，拌湿细土均匀撒施封闭；水稻移栽后20天左右，根据田间草情选择茎叶处理药剂，防除禾本科杂草可选用五氟磺草胺、噁唑酰草胺、氰氟草酯等，防除阔叶类杂草可选用灭草松、2甲4氯等，进行茎叶喷雾。

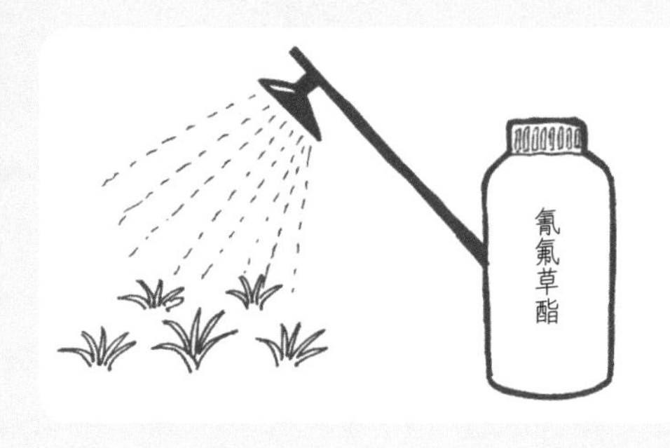

东北稻区推广“两封一补”的控草方法。插前和插后分别选用噁草酮·吡嘧磺隆、苯噻·苄、丙·苄等进行封闭，补施选用氰氟草酯等进行茎叶处理。

长江流域及其他稻区机插秧田采用“一封一杀”的控草方法，插前或插后选用上述封闭药剂，插后15～20天选用噁唑酰草胺、氰氟草酯等进行茎叶处理。

零天施药技术：在水稻移栽时借助高速插秧机、安全高效除草剂及专用施药器，实现水田机械插秧与施药除草同步，省工省时。

73 如何防除人工移栽稻田杂草？

在水稻栽后5～7天，用乙·苄、异丙·苄、丁·苄、苯噻·苄等，拌潮细土或拌肥料保水撒施，药后保水3～5天。移栽后25天左右，根据田间草情选择茎叶处理药剂，防除禾本科杂草可选用五氟磺草胺、噁唑酰草胺、氰氟草酯等，防除阔叶类杂草可选用灭草松、2甲4氯等，进行茎叶喷雾处理。也可在秧苗返青后、杂草1叶前用丙·苄、苯噻·苄等进行土壤封闭，或杂草2～3叶期用噁唑·氰氟、2甲·灭草松等进行茎叶处理。

74 一些特殊杂草如何防除？

各类栽培方式的稻田若发生较为严重的千金子、双穗雀稗、李氏禾、野荸荠、水花生（空心莲子草）等难除的特殊草情，可在水稻生长中后期视田间草相选用下列茎叶处理剂：①防除千金子每公顷用10%千金乳油900～1 125毫升；②防除双穗雀稗、李氏禾每公顷用10%农美利悬浮剂300～450毫升；③防除野荸荠（株高10厘米左右）每公顷用10%苄嘧磺隆可湿性粉剂450克或13% 2甲4氯钠水剂2 250毫升+10%苄嘧磺隆可湿性粉剂225克；④水稻分蘖盛期防除水花生每公顷用20%使它隆乳油750毫升。防除以上杂草，均采用排水后喷细雾法（加水270～300千克），用药2天后方可上水。

注意事项

用化学除草剂防除杂草最重要的是严格按照说明书用药，不能随意增加或减少用药量、兑水（土、肥）量；严格按照规定的用药时期用药。药前、药后田间的水分管理非常重要，直接关系到药效好坏和是否会发生药害。田块平整、喷洒（撒）药剂均匀也是保证药效和排除药害的重要措施。

PART 3

如何保证稻米加工、包装和储存质量安全

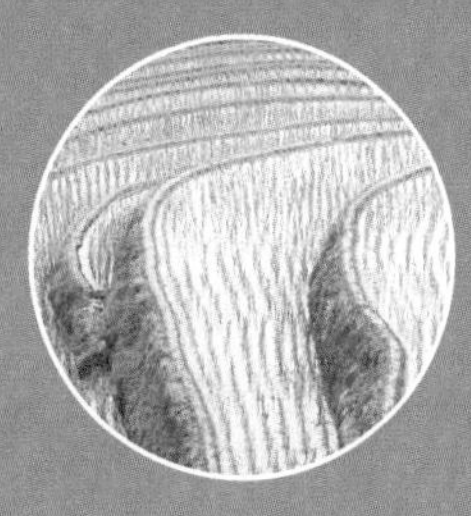

75 什么是大米的清洁加工？

大米的清洁加工，就是在大米的加工过程中，既要保证大米产品自身不受任何污染，又要保证大米的加工过程对环境不产生污染。其内容包含加工场所环境（车间）的卫生与清洁、加工设备清洁、加工环节清洁、包装材料清洁、运输与储存清洁、加工操作人员个人卫生与清洁及副产品和废弃物的有效综合利用与清洁处理等。

大米清洁加工的目的：立足于人们的生活质量与卫生健康要求，确保大米产品食用的质量安全和实现环境友好，努力实现碳中和目标。目前，《食品安全国家标准　食品生产通用卫生规范》（GB 14881）和农业行业标准《无公害食品　稻米加工技术规范》（NY/T 5190）均对大米加工各个环节的清洁卫生等有相关要求，应按其执行。

76 大米的加工品质应体现在哪些指标上？

依据国家标准《大米》（GB/T 1354）的规定，大米的加工品质指标主要有加工精度、光泽、不完善粒（未熟粒、虫蛀粒、病斑粒、生霉粒、糙米粒）、杂质（包括糠粉、矿物质、带壳稗粒、稻谷粒）和碎米率等。上述大米的加工品质指标决定了其等级质量判定和优质米的不同等级符合性。

优质大米饱满有光泽，外观好

劣质大米有杂质、不完整

加工精度是指加工后米胚残留以及米粒表面和背沟残留皮层的程度，是大米加工的重要指标。加工精度影响大米的商品外观、食味品质及出米率。稻谷籽粒被磨去的皮层越多，精度越高，商品外观变好、食味品质提高，但出米率却变低。反之精度越低，商品外观变差、食味品质降低，但出米率却变高。我国国家标准《大米》(GB/T 1354)将加工精度分为精碾和适碾两种。

光泽是指米粒表面的精白和光亮程度，是衡量稻米精加工（抛光）水平的一个重要指标。

不完善粒、杂质和碎米率是商品大米品质优劣的重要指标，这些指标在大米加工过程中需要按等级严格控制，其含量高低将影响大米食味品质和储存稳定性。

大米质量指标

（摘自GB/T 1354）

品种		籼米			粳米			籼糯米		粳糯米	
等级		一级	二级	三级	一级	二级	三级	一级	二级	一级	二级
碎米	总量（%）≤	15.0	20.0	30.0	10.0	15.0	20.0	15.0	25.0	10.0	15.0
	其中：小碎米含量（%）≤	1.0	1.5	2.0	1.0	1.5	2.0	2.0	2.5	1.5	2.0
加工精度		精碾	精碾	适碾	精碾	精碾	适碾	精碾	适碾	精碾	适碾
不完善粒含量（%）≤		3.0	4.0	6.0	3.0	4.0	6.0	4.0	6.0	4.0	6.0
水分含量（%）≤		14.5			15.5			14.5		15.5	
杂质	总量（%）≤	0.25									
	其中：无机杂质含量（%）≤	0.02									
黄粒米含量（%）≤		1.0									
互混率（%）≤		5.0									
色泽、气味		正常									

优质大米质量指标

（摘自GB/T 1354）

品种			优质籼米			优质粳米		
等级			一级	二级	三级	一级	二级	三级
碎米	总量（%）	≤	10.0	12.5	15.0	5.0	7.5	10.0
	其中：小碎米含量（%）	≤	0.2	0.5	1.0	0.1	0.3	0.5
加工精度			精碾	精碾	适碾	精碾	精碾	适碾
垩白度（%）		≤	2.0	5.0	8.0	2.0	4.0	6.0
品尝评分值（分）		≥	90	80	70	90	80	70
直链淀粉含量（%）			13.0～22.0			13.0～20.0		
水分含量（%）		≤	14.5			15.5		
不完善粒含量（%）		≤	3.0					
限量杂质	总量（%）	≤	0.25					
	其中：无机杂质含量（%）	≤	0.02					
黄粒米含量（%）		≤	0.5					
互混率（%）		≤	5.0					
色泽、气味			正常					

77 商品大米中的碎米率应控制在多少？

根据国家标准《大米》（GB/T 1354）规定，商品食用大米中的碎米率：籼米应控制在15.0％～30.0％（其中小碎米≤2.0％）；粳米应控制在10.0％～20.0％（其中小碎米≤2.0％）；籼糯米应控制在15.0％～25.0％（其中小碎米≤2.5％）；粳糯米应控制在10.0％～15.0％（其中小碎米≤2.0％）。如超过上述比例，则不符合国家标准规定。属三级及以上优质大米的碎米率：优质籼米一级应该控制在10.0％以内，二级12.5%以内，三级15.0%以内；优质粳米一级应该控制在5.0%以内，二级7.5%以内，三级10.0%以内。消费者在选购大米时，辨别商品大米碎米率的方法：一看大米中的碎米占比情况，如肉眼感觉占比过多，就不宜选购；二查外包装上所标示的执行标准号，并可检索该标准的限量值；三验该批次商品大米的第三方检测报告中出具的指标。

78 大米的包装材料有什么要求？

目前，商品大米的包装千姿百态，选用的包装材料也多种多样。大米的包装材料与大米的品质和食用安全具有密切的关系。根据国家标准《粮食销售包装》（GB/T 17109）中规定，大米的包装材料或容器应安全、卫生、无毒、环保；有足够的强度，不易破损；不与大米发生任何的物理和化学不良反应；并具有防潮、防霉、防虫、延长大米保质期的作用。目前，市场上销售的大米包装材料有食品级PVC袋、纸袋、麻布袋、玻璃瓶、陶瓷瓶、搪瓷瓶和木桶及金属料制品等。

79 大米的销售外包装有什么要求？

《食品安全国家标准　预包装食品标签通则》（GB 7718）和《粮食销售包装》（GB/T 17109）中规定：大米销售的外包装标签和标识应符合国家《商标法》的规定。为此，在商品大米的销售外包装上一般均需标注：净含量，食品名称，配料表，执行标准代号，质量品质等级，营养成分，生产者（或销售者）名称、地址、商标，生产日期及出厂标签，保质期等。还需标明存放注意事项，以及属配制米、营养强化米、糙米等专用大米及食用方法说明，特殊说明、条形码及必要的防伪标识和相关认证标志等。

另外，销售的商品大米外包装上图案、文字的印刷应清晰、端正、不褪色。有关认证标志（含有机产品、绿色食品、地理标志产品、SC等）和商标等的印刷、加贴应符合国家有关法规及标准要求。包装件应存放在干燥、通风处，不应雨淋、日晒、受潮。

80 稻谷收购时应把好哪些关口？

稻谷收购是水稻从种植到收获后进入加工、储运的关键环节。严格把好收购质量关，才能保证大米加工、储存期间的质量稳定。稻谷收购时通常应把好四个关口：一要把好水分关。依据我国《大米》（GB/T 1354）和《食用粳米》（NY/T 594）、《食用籼米》（NY/T 595）等标准中的规定，水分含量籼稻米不超过14.5%，粳稻米不超过15.5%。二要把好杂质关。杂质总量不能超过0.25%。三要把好食用安全指标关，农药残留、重金属含量及卫生指标等要符合国家相关标准尤其是《食品安全国家标准 粮食》（GB 2715）的要求。四要把好病虫草害构成的污染关。水稻种植过程中产生的一些相关病害、虫害和草害及在防治过程中使用的化学药剂或除草剂等会对人体健康构成潜在风险，如清理或消解不净更会污染原粮，应严格防止病粮和虫粮入库并加工。

81 大米加工中对食品添加剂使用有什么规定？

由稻谷加工成大米的过程基本是一个物理机械过程，如稻谷的脱壳、糙米碾精、大米抛光及智能化色选等。因此，在大米加工中一般不需要使用食品添加剂。在《食品安全国家标准 食品添加剂使用标准》（GB 2760）中对大米加工中允许使用的食品添加剂是所有食品中最少的。该标准只规定了E-聚赖氨酸盐酸盐、双乙酸钠及富硒酵母三种食品添加剂可用于大米的防腐保鲜和食品营养强化，其他如矿物油及天然香料或合成香精和着色剂等任何化学性质食品添加剂是不允许在大米加工中使用的。

另外，值得一提的是，大米加工的原粮是稻谷，因此，该标准中也对原粮的食品添加剂作出了规定，只允许使用双乙酸钠（又名二醋酸钠），丙酸及其钠盐、钙盐和二氧化硅等。其主要是起到抗结块、防腐等功能。

对稻谷原粮保存及大米加工，或以大米为原料的精深加工米制食品等企业生产经营实体（含分包分销场所），是我国各级市场监管部门实施“食品生产许可证”（SC证书）的重点监管对象，对其食品添加剂的使用是否符合标准规定的范围是监管的重点内容。如生产企业有违反，将会受到严厉处罚，严重的将吊销SC证书。

82 稻谷和大米的仓储卫生要求有哪些？

稻谷和大米在仓储过程中，极易受湿、热、虫、霉等的影响，产生内在理化品质变化或发霉变质状况，从而影响其食味品质。

根据国家标准《稻谷储存品质判定规则》（GB/T 20569）规定，稻谷在常温下储存1年后即会有变质现象出现，如储存4～5年会因脂肪酸值及色泽、气味、食味变劣而不能食用。因此，稻谷仓储的时间以1年内为宜。仓库条件好，或有低温及通风防湿设施的，最多不宜超过3年，但必须对储存品质进行检测，合格后才可出库。

大米经加工后失去谷壳保护，胚乳外露，内在品质更易变差。如果水分大，温度高，加工精度差，糠粉多，尤其在盛夏梅雨季节变质更快。因此，成品大米如没有低温调湿通风等特殊储存条件，应在加工后半年内食用，超过半年则内在品质指标下降加快，食味品质及米饭味道也会变差。

对稻谷和大米在储存时的场所卫生要求是我国《食品安全法》和《农产品质量安全法》监管的重点。其基础性要求是：稻谷和大米不得在露天堆放；储存的仓库必须清洁、干燥、通风、无鼠及虫害。成品大米在库房堆放储存必须有垫板，离地10厘米以上，离墙20厘米以上，并不得与有腐败变质、有不良气味或潮湿的物品同仓库存放；稻谷和大米入库必须依照先进先出的原则，依次出库。所有包装材料均应清洁、卫生、干燥、无毒、无异味，符合食品卫生要求；所有包装物及容器等应牢固，不泄漏物料。在运输中还应防止与带有化学物质的物品、有害气体及液体等混装，并防止有毒有害物质交叉污染而影响食用者健康。

当前，我国已开发了稻谷和大米的仓储场所数字化管控设施，并在逐年推广应用，其将在稻谷和大米的仓储过程中发挥重要作用。

83 稻米中的主要功能营养物质有哪些？

稻米富含碳水化合物，含有蛋白质、脂肪、维生素、矿物质、膳食纤维、γ-谷维素、γ-氨基丁酸、多酚类化合物等多种功能营养物质。稻米中的碳水化合物主要为淀粉，约占精米干重的90%。蛋白质是除淀粉外的第二大储藏物质，一般占糙米干重的8%～10%。稻米中的蛋白质主要是米谷蛋白，其次是米胶蛋白和球蛋白，其蛋白质的生物价和氨基酸的构成比例都比小麦、大麦、小米、玉米等的高，消化率66.8%～83.1%，也是谷类蛋白质中较高的一种。脂肪占糙米重的2%～4%，其脂肪中亚油酸含量较高，一般占全部脂肪的34%，比菜籽油和茶油多2～5倍。膳食纤维是一种既不能被胃肠道消化吸收，也不能产生能量的多糖，在缓解便秘、减肥、治疗Ⅱ型糖尿病和高血脂等方面有积极的作用。稻米中的多酚类化合物有酚酸、类黄酮、花色苷和原花青素等，尤其在黑米、红米中含量较高。这些物质有很强的抗氧化能力，能够预防并控制心血管疾病、Ⅱ型糖尿病、肥胖和某些癌症等慢性疾病的发病风险。为此，当前国内消费者选购黑米、红米做主食的趋势将会不断上升。

84 稻米的精深加工产品有哪些？

稻米的精深加工产品在食品、保健、医药、化工等多领域都有应用。目前市场上已经有多元化的稻米食用类产品，如蒸谷米、发芽糙米、胚芽米、方便米面、速食糙米、米糕、粽子、汤圆、寿司、米粉丝（条）、八宝饭等；还可以稻米为主原料，加工制作黄酒、白酒、红曲酒、米醋、酒酿、米粥、米汁饮料、营养米粉、米豆腐、米蛋糕、米咖啡、米饼干、炒米茶、米锅巴、米糠油等。

另外，通过对稻米进行精深加工可以得到大米蛋白、高纯度大米淀粉、谷维素等。稻米加工副产品主要有稻壳、米糠、碎米等，富含多种活性物质、维生素、酶及膳食纤维等，对其进行精深加工，可以研发并制造香皂、化妆品、活性炭、环保型餐具、保健营养品，以及药品辅料、轻型建筑材料、畜禽饲料等。

另一种辅料是稻草，其能编制草包、草绳、草帽、草鞋、草扇、草网、草垫，还可制作草木灰及造纸、沤肥和生产菌菇基质用料等。因此，稻米作为中华民族上下五千年历史发展中炎黄子孙的重要主食，其全身都是宝，对我国新时代提升人们的生命健康和生活质量等不可或缺。

85 稻谷在仓储过程中为什么会发生储存品质变化？

粮食在仓储过程中出现各项内在品质指标的变化是一种自然现象。稻谷是有生命的有机体，随着储存时间的延长，特别是超过正常储存年份以后，其内部结构会逐渐松弛，酶活性降低，自我呼吸能力衰退，生活力减弱，这也是其自身的生理、生化变化过程。稻谷在储存期间即使是未发热、生虫、生霉，也仍然存在储存品质变化的自然现象。其主要表现是食味品质和深加工产品的品质下降，严重时食味品质明显变差，酸度明显增加。因此，国家标准《稻谷储存品质判定规则》（GB/T 20569）中按储存品质的优劣将稻谷分为宜存、轻度不宜存、重度不宜存三类，并规定了稻谷在色泽、气味和脂肪酸值及米饭品尝上的储存品质判定指标。

稻谷储存品质指标

（摘自GB/T 20569）

项目	籼稻谷			粳稻谷		
	宜存	轻度不宜存	重度不宜存	宜存	轻度不宜存	重度不宜存
色泽、气味	正常	正常	基本正常	正常	正常	基本正常
脂肪酸值（KOH/干基）（毫升/千克）	≤30.0	≤37.0	>37.0	≤25.0	≤35.0	>35.0
品尝评分值（分）	≥70	≥60	<60	≥70	≥60	<60

注：其他类型稻谷的类型归属，由省、自治区、直辖市粮食行政管理部门规定，其中省间贸易的按原产地规定执行。

PART 4

如何保证大米的优质与食用安全

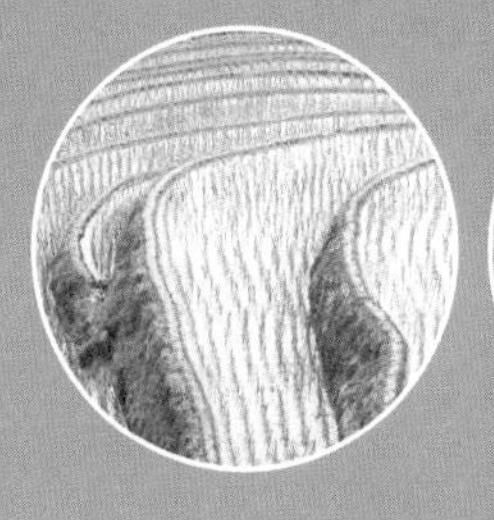

86 优质大米的质量分级与蒸煮食用品质指标有哪些？

依据我国国家标准《大米》(GB/T 1354)、农业行业标准《食用粳米》(NY/T 594）和《食用籼米》(NY/T 595）的要求，蒸煮食用品质指标主要包括直链淀粉含量、糊化温度、胶稠度、米饭品尝评分值等。并将优质大米的等级分为3级，只有达到了三级、二级、一级的大米才是优质等级的大米，除此之外的大米均是非优质大米。《大米》(GB/T 1354）中分别设定了一级、二级、三级大米质量等级和优质大米质量等级的蒸煮食用品质判定指标。其中，要求优质籼米的直链淀粉含量为13.0%～22.0%，品尝评分值≥70分；优质粳米的直链淀粉含量为13.0%～20.0%，品尝评分值≥70分。《食用粳米》(NY/T 594）中要求碱消值≥6.0级，胶稠度≥60毫米，直链淀粉含量13.0%～20.0%，感官评价分值≥70分。《食用籼米》(NY/T 595）中要求碱消值≥5.0级，胶稠度≥50毫米，直链淀粉含量13.0%～22.0%，感官评价分值≥70分。

87 消费者在选购大米时，什么样的大米是好米？

主要有“四看一闻”：一看色泽，是否是精白色或淡青色，有无光泽，是不是呈半透明的角质米；二看形态，颗粒是否整齐、均匀，表面是否光滑，组织结构是否紧密完整；三看碎米粒和杂质是否很多或超标；四看有无黄粒米、霉变

粒和病斑粒等。一闻，是闻一下大米是否具有固有的新鲜的清香气息。如以上“四看一闻”的感观都好就是好米。否则，应慎重选购。

88 大米食用安全的检测项目有哪些？

按照《食品安全国家标准 粮食》(GB 2715)、《食品安全国家标准 食品中污染物限量》(GB 2762)、《食品安全国家标准 食品中农药最大残留限量》(GB 2763)、《食品安全国家标准 食品添加剂使用标准》(GB 2760）等规定，大米食用安全的检测项目有农药残留、污染物（重金属元素）、真菌毒素、食品添加剂等共计100 ~ 200多个不等的要求，并对每类检测项目的限量指标及不得检出项等都有明确的规定。

对于国内市场而言，消费者在选购国产或进口的大米时，需要关注其食用安全指标的状况，可要求销售商出具由国内第三方检测机构出具的该批大米检测报告中的指标和判定结果，并注意出具报告签发的时间。对于我国开展出口贸易的大米，则需按进口国对食用安全的要求接受互认的第三方检验机构检测合格。

89 如何理解大米外包装上的营养成分表？

目前市场上销售的食用大米的“营养成分表”中主要包含了能量、蛋白质、脂肪、碳水化合物和钠5种。这是近几年来国家统一规定的必须在销售的外包装上标注的强制性五大营养成分指标要求。其目的是向消费者明示，并增加销售的商品大米透明度，以促进生产商和销售商的质量保证与诚信。

在五大营养成分中，碳水化合物、蛋白质和脂肪是大米的主要营养物质。能量是大米中蛋白质、脂肪和碳水化合物等营养物质在人体代谢中产生的能量，是通过碳水化合物、蛋白质和脂肪的各自含量以一定的折算系数换算得出的。钠是一种金属元素，将其作为大米的营养成分，是因为它的含量与人食用后的抗氧化反应有关。

凡需进入市场销售的食用大米必须按生产批次送有资质的第三方检测机构检测，并在外包装上标注营养成分。目前，在市场上销售的大米所标注的营养成分含量，会因其稻谷类型、品种、产区、加工工艺等因素不同而有一定的差异，这也是客观的，消费者可以根据自身需求合理选购。

90 什么是绿色食品大米？

绿色食品大米是指遵守可持续发展原则，按照特定生产方式生产，经农业农村部所属的专门机构审核认定，产品质量符合《绿色食品　稻米》（NY/T 419）要求，许可使用国家证明商标，即绿色食品标志，无污染的安全、优质、营养类食用大米。按农业农村部发布的《绿色食品标志使用管理办法》规定，绿色食品经审核认定并许可使用标志的有效期为3年，有效期内需开展每年度的年检审核工作。有效期满时可申请续展。

根据绿色食品标志审核认定的有关规定，绿色食品分为A级和AA级两种，包括大米产品。

A级绿色食品大米：指产地环境质量符合农业行业标准《绿色食品　产地环境质量》（NY/T 391）的规定，生产过程中严格按照绿色食品的农药和肥料等生产资料使用准则及生产操作规程要求，允许限量使用限定的化学合成生产资料，产品质量符合绿色食品专项标准，经审核认定，许可使用A级绿色食品标志的食用大米。

AA级绿色食品大米：指产地环境质量符合农业行业标准《绿色食品　产地环境质量》(NY/T 391) 的规定，生产过程中不使用化学合成的肥料、农药、食品添加剂和其他有害环境和身体健康的物质，按有机农业生产方式生产，产品质量符合绿色食品相关专项标准，经审核认定，许可使用AA级绿色食品标志的食用大米。目前，因我国农业系统已按照国家有机产品认证的规则开展了有机产品稻米的认证，AA级绿色食品标志的食用大米已暂停了申报及审核。为此，当今市场上已没有AA级绿色食品标志的食用大米销售。

至2020年，我国已获得A级绿色食品标志有效期内使用的大米及加工品达4 000多个，产量达1 500多万吨；按照绿色食品标准种植管理的标准化水稻生产基地达200多个，面积400多万公顷。

91 什么是有机产品大米？

有机产品大米是指来自有机农业生产体系，按照国际有机农业的“健康、生态、公平、关爱”和可持续发展原则及我国有机农业或有机产品相关标准要求进行生产、加工、销售，在生产过程中不使用化学合成的农药、肥料、生长调节剂、食品添加剂等物质，不采用基因工程获得的产物，产品质量卫生等相关指标应符合国家有关质量标准要求，并经国家认证认可专管机构依法批准的独立认证机构依据国家标准《有机产品　生产、加工、标识与管理体

系要求》（GB/T 19630）和《有机产品认证实施规则》等相关配套规制认证的、许可使用国家有机产品统一标志和追溯“有机码”，并在产品最小销售外包装上标示有机产品认证机构标识的食用大米。我国的《有机产品认证目录》中还包括了有机稻谷、有机糙米及相关有机米制品等。有机产品大米是一年一认证，如要保持，则需向认证机构申请办理再认证手续。

目前，国内有机水稻生产执行的技术标准是农业行业标准《有机水稻生产质量控制技术规范》（NY/T 2410）。该标准由中国水稻研究所的专业研究团队于2012年编制完成，经农业部组织专家组审定后于2013年发布实施。目前，农业农村部主管的中国绿色食品发展中心已开展了“全国有机农产品（××）基地”的申报与认定工作，其中包括有机水稻基地的申报与认定。

根据《中国有机产品认证与有机产业发展（2020）》披露，至2019年，我国有机水稻获得认证的种植面积为29.8万公顷，约占水稻种植总面积的1%，认证有机稻谷174.4万吨，如折成有机大米为100万吨左右。向生产实体颁发有机稻谷和有机大米产品认证证书2 279张。目前，我国有机稻谷和有机大米的认证总量居亚洲第一。

92 什么是农产品地理标志登记的稻米类产品？

农产品地理标志是指标示农产品来源于特定地域，产品品质特征主要取决于该特定地域的自然生态环境、历史人文因素及具有特定生产方式，并以地域名称冠名的我国特有农产品标志。农产品地理标志公共标识图案由中华人民共和国农业农村部的中英文字样、农产品地理标志中英文字样，以及麦穗、地球、日月等元素构成。农产品地理标志是在长期的农业生产和百姓生活中形成的地方优良物质文化财富。我国建立农产品地

理标志登记制度，对优质、特色的农产品进行地理标志保护，是合理利用与保护农业资源、农耕文化的现实要求，有利于促进地方主导产业发展，有利于农村三产融合推进，有利于乡村振兴的对接，以至形成有利于知识产权保护的地方特色农产品品牌。当前，我国的农产品地理标志登记工作已与欧盟签订了互认的协议。对农产品地理标志的登记与实施，由国家和省级农业农村主管部门负责受理申请、初审、审批和管理，对应的规制是农业农村部发布的《农产品地理标志管理办法》。

农产品地理标志登记的稻米类产品，有稻或谷，如京西稻、华容稻、安龙红谷等；有米，包括糯米、黑米、红米、紫米等。其是指符合农业农村部发布的《农产品地理标志管理办法》规定的必备条件，即称谓由地理区域名称和农产品通用名称构成(如芜湖大米、小站稻、井冈红米、从江香禾糯、洋县黑米、常德香米、凤阳贡米等)；产品有独特的品质特性；产品品质和特色主要取决于独特的自然生态环境及人文历史因素；产品有限定的生产区域范围和特定的生产方式；产地环境和产品质量符合国家强制性技术规范要求。在具备上述条件基础上，经省级农业农村主管部门受理申请和初审后，上报农业农村部指定机构进行登记审查和专家评审通过，许可标示“中华人民共和国农产品地理标志”及与登记名称相符的稻米类产品。经审批的农产品地理标志登记的稻米类产品有效期为长期，但持有人如有不符合《农产品地理标志管理办法》相关规定的，经核实由农业农村部注销并对外公告。

据农业农村部主管农产品地理标志登记的机构统计，至2020年，我国获得农产品地理标志登记的稻米类产品有150多个（未含米制品类），涵盖了28个省份（含新疆生产建设兵团）的生产基地和获得登记的主体。

93 影响稻米食用安全的主要污染因子有哪些？

当前，稻米食用安全的主要污染因子包括有毒有害菌类、植物种子，真菌毒素，重金属，农药残留等四大因子。

有毒有害菌类、植物种子：有些有毒植物的形态或种子与无毒植物很相似，一般人很难辨认，如误食可能引起中毒。主要包括毒麦、曼陀罗籽及其他有毒植物的种子。其有毒成分主要为黑麦草碱、毒麦灵等多种生物碱。

真菌毒素：在大米中常见的是黄曲霉毒素B_1和赭曲霉毒素A。黄曲霉毒素不仅具有强致癌力，还具有显著积累毒性，一旦被误食进入体内，便开始在肝脏等器官积累，目前尚无法排毒，是已知致癌力最强的致癌物质之一；赭曲霉毒素A是曲霉属和青霉属的某些菌种产生的二次代谢产物，具有遗传毒性，可引起DNA的损伤和致突变作用，直接危害人类健康。

重金属：属于化学物质污染的重要内容之一。有毒金属进入粮食的途径主要来自高本底值的自然环境，含金属的化学物质的使用，环境污染和粮食加工过程。多数金属在体内有蓄积性，半衰期较长，能产生急性和慢性毒性反应，还有可能产生致畸、致癌和致突变作用。重金属污染以镉最为严重，其次是汞、铅等，非金属砷的污染也不可忽视。

农药残留：农药残留是指农药使用后残存于生物体、食品（农产品）和环境中的微量农药原体、有毒代谢物、降解物和杂质的总称，其残存的数量称为残留量。当农药过量施用，超过最大残留限量（MRL）时，将对人畜产生不良影响或通过食物链对生态系统中的生物造成毒害。目前在水稻生产上大量使用的农药主要包括有机磷类、有机氯类、菊酯类、氨基甲酸酯类杀虫杀菌剂及部分化学除草剂。

94 如何用电饭锅煮出好米饭？

当前，使用电饭锅煮米饭已是居家普遍现象。如何用电饭锅煮出好米饭，既是生活的常态问题，也是制作米饭的技巧问题。在此，主要推荐易掌握的以下三法：

一是做米饭时最好将米淘净并在清水中浸泡15 ~ 30分钟，然后再下锅。这样可以大大缩短煮饭的时间，且煮出的米饭具有固有香气和滋味。

二是放适量的水最重要，一般水的深度高于米层2 ~ 3厘米。如是新米可适当减少。

三是充分利用电热盘的余热。当电饭锅中的米饭汤沸腾时，可关闭电源开关8 ~ 10分钟，充分利用电热盘的余热焖煮后再通电。当电饭锅的红灯灭、黄灯亮时，表示锅中米饭已熟，这时可关闭电源开关，利用电热盘的余热再保温10分钟左右。

我国品鉴米饭，不论是专业评价机构，还是相关行业组织专家组评选，主要是依据国家标准《粮油检验　稻谷、大米蒸煮食用品质感官评价方法》(GB/T 15682）来评判的。其主要指标为气味、外观结构、适口性、滋味和冷饭质地等五大项。该标准中用于蒸煮米饭的器具包括蒸饭皿和直热式电饭锅。因此，居家使用电饭锅蒸煮米饭带有普遍性。如何用电饭锅煮出好的米饭带有科学性，值得各显神通，积极探索。

95 为什么陈化的大米不可食用？

稻谷脂肪酸值是指稻谷中游离脂肪酸的含量，其变化反映了稻谷品质劣变程度。稻谷在收获进入仓储阶段后，因其仍是有生命的有机体，随着仓储时间的延长，特别是处于轻度不宜存或重度不宜存阶段时，其内部结构会逐渐发生衰变，不论是色泽、气味及食味品质都将变差。如仓储条件较差或仓储时间过长等，稻谷中的脂肪酸值就会升高，其酸度也会明显增加。为此，在国家标准《稻谷储存品质判定规则》（GB/T 20569）中作为稻谷的宜存指标，其脂肪酸值（KOH/干基），籼稻谷＞37.0毫克/100克，粳稻谷＞35.0毫克/100克，即重度不宜存的稻谷。如经检测判定属重度不宜存的稻谷所加工的大米，是绝不可食用的。

96 怎样识别染色大米？

从专业研究的成效看，可用三招辨黑米和绿米真假。

第一招：看外表。一般天然黑米和绿米形状匀称，但色彩不是十分均匀。而染色的则相反，色彩均匀，形状却不匀称。而且仔细观察真黑米会有米沟、有纹路，假黑米和绿米一般没有米沟。

第二招：闻气味。黑米和绿米是稻米的一类，真黑米和绿米闻起来均会有大米的清香味。而假的则肯定没有，而且会有异味气息，并且用手摸手感也很差。

第三招：用水洗。真黑米浸水会出现紫红色，水温越高则越深；真绿米浸水一般不会有颜色。染色的黑米浸水后，一般出现墨汁色，易变烂；染色的绿米也会在水中浸出绿色。

假血糯米或紫糯米的辨别方法如下：

血糯米或紫糯米是带有紫红色种皮的大米，因为米质有糯性，所以称为血糯米或紫糯米。天然的血糯米或紫糯米浸泡在温水中，由于种皮的红色素被水溶液慢慢溶解，溶液会逐渐变为紫红色水溶液，随时间延长，红色越来越浓。在米饭煮熟后，红色种皮会与胚（米粒）形成分离。假血糯米或紫糯米是以劣质大米通过紫红色的颜料染色而成。最明显的区别是浸泡在水里后，水质变红的速度明显快于血糯米或紫糯米真品，如多洗几次就会有白米的原形，而且煮饭后没有红色种皮出现。

97 为什么霉变的大米不要食用？

大米含有蛋白质、脂类、碳水化合物等营养物质，是天然的微生物培养基。如果大米没有及时食用或储存不善而受到霉菌侵蚀就会产生霉变。霉变大米会产生抗生素、真菌毒素、有机化合物等次级代谢产物，其中黄曲霉、寄生曲霉等常见标准菌株会产生对人危害极大的黄曲霉毒素。霉变早期阶段大米品质变化不大，如及时处理，不影响食用。可在煮饭前用清水多搓洗几遍，倒掉水中浮物、米糠。但当米粒出现了起筋，沟纹形成白线，米胚变色严重，闻起来有明显霉味时，说明大米霉变严重。如果长期食用这种严重霉变的大米煮的米饭，将有可能伤害人体肝脏等器官，甚至会使人体致癌、致畸、致突变风险增加。因此，消费者坚决不要食用。

98 免淘洗大米真的不需要淘洗吗？

目前国际上规定免淘洗米的洁净度应小于百万分之一，数值越小，洁净度就越高。我国目前的生产工艺还远远达不到国际通行的大米免淘洗标准要求。因此，国内生产加工的大米，从严谨的角度看，还没有完全符合国际标准洁净度。所以，人们食用大米时还是需要适当的淘一淘，以去掉不洁净的大米外着成分。但如果对标明免淘洗的米清洗过度，也会造成营养的流失，淘洗的次数越多，流失的营养成分也越多。所以，蒸煮米饭前对免淘洗大米洗一两次即可。

99 消费者如何查验大米外包装上的保质期？

按照《食品安全国家标准　预包装食品标签通则》（GB 7718）和《粮食销售包装》（GB/T 17109）的规定，大米在出厂进入市场销售前，必须在外包装上标示大米的保质期。一般来讲，大米的保质期要求应以出厂的时期为起始之日，以天计数，有90天、120天、180天不等。也有以月计数的，有3个月、6个月不等。

消费者在购买大米时查验大米外包装上的保质期，第一步要看外包装上的保质期标示，第二步要看外包装内的码单或标签上标示的生产日期或外包装上打码的生产日期。如只有前者，没有后者，则不符合大米的保质期标示规范，消费者应慎重选购。另外，对于临近保质期的大米，尤其是非真空包装的，应根据自身的食用量计算时间，如预估在保质期内吃不完的，也需慎重选购。

100 居民家庭储放大米保障食用安全应注意什么？

居民家庭储放大米中保鲜保质保障食用安全首先要注意做到三防：一防储放处及容器潮湿；二防储放容器不卫生；三防储放时间过长（会霉变生虫）。储放大米还可用小包装放入冰箱低温保藏，其对大米具有保鲜保质的良好效果。

对于防大米虫蛀及霉变等，有几个小窍门可供选择：

①按120 ：1的比例取花椒，包成若干纱布包，混放在米缸内，加盖密封。

②按100 ：1的比例取大料，包成若干纱布包，一层大米放2 ～ 3小包，加盖密封。

③取干透的檀香木，劈成小条，插在米缸内，加盖密封。

④取大蒜、姜片若干，混放在米缸内。

⑤大米的米缸内，留有一段空间，可放上防蛀无毒的药品。

⑥将大米用塑料小包包装，放冰箱或冰柜中冷藏，取出后，绝不生虫，米多时，轮流存放为佳。

⑦取白酒一小瓶，开盖或盖子打小孔，将酒瓶插埋于大米的中央部位，瓶口高于米堆，让其挥发乙醇气体。

⑧选用木桶储放大米，充分发挥木质气味散发作用，也可起到防虫、防霉变的效果。

图书在版编目（CIP）数据

水稻技术100问/程式华等编著．—北京：中国农业出版社，2022.4（2025.2重印）
（全彩版高素质农民培育系列读物）
ISBN 978-7-109-29229-1

Ⅰ.①水… Ⅱ.①程… Ⅲ.①水稻栽培-问题解答
Ⅳ.①S511-44

中国版本图书馆CIP数据核字（2022）第042362号

SHUIDAO JISHU 100 WEN

中国农业出版社出版
地址：北京市朝阳区麦子店街18号楼
邮编：100125
责任编辑：郭　科
版式设计：杜　然　　责任校对：刘丽香　　责任印制：王　宏
印刷：北京中科印刷有限公司
版次：2022年4月第1版
印次：2025年2月北京第11次印刷
发行：新华书店北京发行所
开本：880mm × 1230mm　1/32
印张：3.5
字数：100千字
定价：28.00元